U0387122

科学王国里的故事

数字魔方

王 会 **主编**　　王逍冬 **本册主编**

河北出版传媒集团
河北少年儿童出版社
·石家庄·

图书在版编目（CIP）数据

数字魔方 / 王会主编. -- 石家庄 : 河北少年儿童
出版社, 2021.5（2024.3重印）
（科学王国里的故事）
ISBN 978-7-5595-3775-1

Ⅰ.①数… Ⅱ.①王… Ⅲ.①数学－少儿读物 Ⅳ.
①O1-49

中国版本图书馆CIP数据核字(2020)第261283号

科学王国里的故事

数字魔方
SHUZI MOFANG

王 会 **主编** 王逍冬 **本册主编**

策 划	段建军 蒋海燕 赵玲玲	
责任编辑	尹 卉 杨 婧	特约编辑 王瑞芳
内文绘图	杨旭刚 李海晨	装帧设计 王立刚
	英 茹 李庆龙	封面绘图 乐懿文化

出版发行　河北少年儿童出版社
地　　址　石家庄市桥西区普惠路6号　邮政编码 050020
经　　销　新华书店
印　　刷　鸿博睿特（天津）印刷科技有限公司
开　　本　710mm×1000mm　1/16
印　　张　11.5
版　　次　2021年5月第1版
印　　次　2024年3月第3次印刷
书　　号　ISBN 978-7-5595-3775-1
定　　价　29.80元

"0"是最小的一位数吗？ …………………………… 1

0和1的争吵 ……………………………………………… 3

带比号的两个数含意一样吗？ ………………………… 5

"约"与"除"意思一样吗？ …………………………… 7

分数加减法和乘除法的法则有什么不同？ …………… 9

$\frac{0}{2}$，$\frac{2}{1}$，$\frac{3}{0.1}$是分数吗？ ………………………………………… 11

容积就是体积吗？ ……………………………………… 13

15%和0.15的意义一样吗？ …………………………… 15

活用分数的基本性质 …………………………………… 17

有化成无限不循环小数的分数吗？ …………………… 19

为什么小数乘法竖式不需要小数点对齐？ …………… 21

$0.\dot{9}$等于1吗？ ………………………………………… 23

请你评评理——有余数除法 …………………………… 25

分数除法为什么要颠倒相乘？ ………………………… 27

你知道"倍"与"倍数"的区别吗？ …………… 29

比和连比有什么异同？ …………………… 31

异分母分数加减法为什么先通分？ ………… 33

分数乘法为什么要分子乘分子、分母乘分母？ ……… 35

你知道小"·"点在小学数学中的位置与作用吗？ ……… 37

为什么小数的末尾添上"0"或去掉"0"，小数的大小不变？ … 39

乘数是 375、625、875 能速算吗？ ………… 41

怎样求最小公倍数？ ……………………… 43

$\frac{1}{3} + \frac{2}{3} = \frac{3}{6}$，对吗？ ……………………… 45

小花狗战胜了小白羊——比较分数大小 ……… 47

采标本——巧算式题 ……………………… 50

兔王智胜老狐狸——巧算分数式题 ………… 52

梦里妙算式题 ……………………………… 54

奇数的妙算 ………………………………… 56

乘除互变——速算乘除式题 ……………… 58

贝贝当上接班人——巧算 1+2+3+……+100？ ……… 60

什么叫"两边一拉，中间相加"？ ………… 62

找规律填"？" …………………………… 65

巧算乘除式题 ……………………………… 68

运动场上的数学 …………………………… 71

在哪个村建学校？——求和 ……………………………… 73

100 分怎么变成了 0 分？ ………………………………… 75

买果树——一题多解 ……………………………………… 78

你能算出汽车的速度吗？ ………………………………… 82

怎样计算鸡和兔子的腿数 ………………………………… 84

高原寻弟记 ………………………………………………… 88

高智真聪明——运用最小公倍知识 ……………………… 91

为什么减我的分？ ………………………………………… 93

丁林巧用假设法 …………………………………………… 96

看乒乓学数学 ……………………………………………… 99

你说我冤不冤枉 …………………………………………… 101

这棵树怎么少的？ ………………………………………… 104

应该怎样取近似值？ ……………………………………… 109

边长扩大 2 倍，面积扩大几倍？ ………………………… 112

路线一样长吗？ …………………………………………… 114

小悟空巧设数学城——巧求周长 ………………………… 116

明明的发现 ………………………………………………… 120

怎样数图形？ ……………………………………………… 122

怎样把三角形三等分？ …………………………………… 126

巧算圆木垛？ ……………………………………………… 128

应该怎样分？ ……………………………………………… 130

鸵鸟和孔雀——计算周长和面积………………………… 132

圆柱和圆锥的体积有什么关系? ……………………… 135

三角形为什么生气? ………………………………… 138

怎样测量瓶子的容量? ……………………………… 142

他摘掉了小马虎的帽子………………………………… 144

9 树 10 行怎么栽? ………………………………… 146

笼子的长宽高各是多少? ……………………………… 149

国旗的面积相等——几何图形………………………… 151

请你猜一猜，这是什么三角形? ……………………… 154

金丝猴智斗大灰狼——能画出几条直线………………… 156

谁的利用率高? ……………………………………… 159

你的答案错了——拼平行四边形……………………… 161

怎样计算不规则形体的体积? ………………………… 163

车轱辘为什么是圆的? ……………………………… 165

你知道这是什么道理吗? ……………………………… 168

聪明的邻居……………………………………………… 170

牛吃草的问题…………………………………………… 172

窍门找到了吗? ……………………………………… 174

"0"是最小的一位数吗？

一年一度的数学年会，按时在数学王国会议大厦召开。参加本次会议的有全国著名数学博士猩猩先生、熊猫先生、山羊先生等。

会议由数学王国国王主持。国王在会上讲话："上月，我接到0的意见书。我给大家读一读，'我也是一个数字，计数时，哪一位上没有计数单位，就用我来占位，如302、40080等，而且我比1小。因此，最小的一位数应该是我，而不是1。'所以本次会议的中心议题就是讨论一下0的意见，请各位博士先生，发表自己的高见。"

经过三天的认真讨论，大家终于统一了意见。最后由国王宣布结论："我们不能把0看作一位数，否则，00就会是两位数，000就会是三位数，一个数值是0的数，就会是任意位数了；再说，001也不是三位数。由此做出决定，0不是一位数，一位数只有9个。最小的一位数是1，最大的一位数是9。"

0 和 1 的争吵

李笑早晨醒来，听见 0 和 1 正在争论什么。

0 说："你别小看我，在数的王国里没有我就不能解决生产和生活中的问题。"

1 不服气地说："我是自然数的单位，没有我怎么能组成自然数？你不就是表示没有吗，有什么了不起的。"

0 大声说："你既不是质数，也不是合数，质数的约数有 1 和它本身，合数有三个以上的约数，你有几个？"

1 红着脸反驳说："相同的数相除商是 1，1 乘以 1 得 1。0 除以或乘以任何数还是 0，你还是表示没有。"

0 气呼呼地说："研究最小公约数没有你。我还有补数位的作用，如 10、100、0.26，没有我行吗？0℃还表示一定的温度呢。"0 说到这儿以胜利者的姿态看着 1。

1 说："你的短处还少吗！0 不能做除数，也不能做分母，还不能做比的后项。"说完，1 做了个鬼脸故意气 0。1 接着说："自然数那么多，你还是里面最小的。"

0想一想说："我也不算最小的数，0比负数都大！"

这时，李笑出来劝解道："0和1别争了，你们的作用都不小，要互相取长补短，才能更好地发挥作用。"

听了这话，0和1都不好意思了。它俩拉了拉手，又成了一对好朋友。

带比号的两个数含意一样吗？

　　小白兔、小松鼠和小猩猩是同班同学。他们学了比和比例这一课后，在一起写作业。题是这样的：

　　一、化简比　$4:2=2:1$，$8:6=4:3$……

　　二、求比值　$3:4=0.75$，$5:10=0.5$……

　　写着写着，小白兔忽然问："小松鼠，几点了？"

　　小松鼠一看电子表上的数字是 $5:20$，便随口说："5 比 20。"小白兔和小猩猩听了都哈哈地笑起来。

　　小松鼠说："你们笑什么，这中间是'比'呀！还有一种'比'呢。我昨天晚上看电视，山鹰队对山鸡队的一场足球赛踢得很激烈，最后山鸡队以 $4:2$ 获胜。"

　　小猩猩说："小松鼠上课不听讲，所以出笑话。在数学课上，李老师讲得很清楚，带比号的两个数，从表面看书写形式一样，但含意不同。数学中的比，是除的意思，比号两边的数表示倍数关系，它可以化简，如 $4:16=1:4$；还可以求比值，如 $4:16=0.25$。记分牌上的 $4:2$ 表示一方为 4 分，一方为 2 分，

它们之间是相差关系，不能化简，更没有比值。只是为了直观，借用了比的符号，不含有除法的意义。电子表上的数字5：20是表示时刻的一种特殊书写形式，它表示5点20分。它既不表示相差关系，也不表示倍数关系。这种书写形式，在作息时间表上也经常用到。"

小松鼠听了小猩猩的话，感到很惭愧，暗下决心：今后我一定认真听课，可不能再闹这样的笑话了。

"约"与"除"意思一样吗?

森林小学开学了,老虎妈妈、熊猫爸爸、鹿妈妈等都把自己的孩子送去学校上学。

小老虎整天打架、吵闹,就是不学习。有一次,猩猩博士留了作业,其中有一道题是:约与除有什么区别?

小老虎的答案是:约与除没有区别,意思一样。

熊猫看了小老虎的答案说:"你的答案不对,约和除是有区别的,你看看书再答。"

小老虎把眼一瞪,说:"我就这么答,你管不着。"

老虎妈妈一检查小老虎的作业,见题上打上了红叉,便对小老虎大发脾气:"你上学不认真学习,连这种题都做错!"

小老虎委屈地说:"这是熊猫叫我这样做的。"

老虎妈妈要来熊猫的作业,看到他是这样答的:"约与除是两个不同的数学概念。除是一种运算,如 $20 \div 2 = 10$;约是把一个数或式子变简单一点儿的手段。它们也有混用的时候。$20 \div 2$ 可以说用 2 去除 20,不能说用 2 去约 20。如果把 $\frac{5}{10}$ 变

成 $\frac{1}{2}$，可以说用 5 去约 $\frac{5}{10}$ 的分子和分母，也可以说用 5 去除 $\frac{5}{10}$ 的分子和分母。"

老虎妈妈看到熊猫的作业都做对了，心想：好哇，你熊猫会做，却故意让小老虎做错。你心眼儿真坏，非叫猩猩博士惩罚你不可。

老虎妈妈领着小老虎找猩猩博士告状。猩猩博士叫来熊猫，问："你为什么告诉小老虎错误答案？"熊猫装作害怕的样子，问什么也不说话。

猩猩博士说："熊猫被吓得不会说话了。"

小老虎急忙说："我写作业时他还对我说话呢，现在他故意不说话。"

猩猩博士问："你写作业时，他跟你说了些什么话？"

小老虎答道："他指着我的答案说我的答案不对，让我看看书再答。"

这时，熊猫开口了："我的理由小老虎全说了，我哪点儿不对？"

猩猩博士批评小老虎："这就是你的不对了，你应当马上改正才是。怎么还说谎呢？"

老虎妈妈觉得理亏，向熊猫道了歉，领着撒谎的小老虎回家了。

分数加减法和乘除法的法则有什么不同？

　　五月初五，长白山猴王加法、峨眉山猴王减法、祁连山猴王乘法、大巴山猴王除法，四位猴王一起到花果山参加庆功大会。在大会上，四位猴王居功自傲，自吹自擂，都说自己在四则运算上占有重要地位，没有自己的参与计算就无法进行，谁要是违背了计算法则，就会把题做错。一时间，会场上吵声四起，唾液飞溅，全然不像是学者在开会，倒像是闹市上的商贩在叫卖。

　　祁连山猴王乘法说："计算异分母分数，你们加减法还要通分太麻烦了，我们乘除法就不需要通分，多棒！"

　　长白山猴王加法也不示弱："做带分数题时，你们乘除法，要把带分数先化成假分数才能计算，我们就不用化成假分数，照样能算。"

　　…………

　　正在争得不可开交时，花果山猴王孙大圣开了口："各位王兄，不要争，你们的功劳都很大，但不要用自己的优点去比

别人的缺点。这样比，越比越糟。要虚心一点儿，要多看别人的长处。其实，你们各自的优缺点，一位六年级的小学生明明早给你们做了总结。"孙大圣边说边拿出了一个表：

分数加减法和乘除法的法则有何不同

分数加减法	分数乘除法
1. 异分母分数要通分	1. 异分母分数不要通分
2. 带分数不化成假分数	2. 带分数要化成假分数
3. 先计算，后约分	3. 先约分，后计算

四位猴王看后，心悦诚服，连声称赞。庆功会圆满结束，四位猴王带着新的收获各自回山了。

$\frac{0}{2}$，$\frac{2}{1}$，$\frac{3}{0.1}$ 是分数吗?

孙悟空的孙子小悟空特别爱学习，在学校里，他除了完成学习任务之外，还经常在数学报上发表文章。下面是数学报第888期上，刊登的他的一篇文章，题目是：《$\frac{0}{2}$、$\frac{2}{1}$、$\frac{3}{0.1}$ 是分数吗？》。文章是这样写的：

在小学数学里，分数的定义是：把单位"1"平均分成若干份，表示这样一份或几份的数叫作分数。根据这一定义，分数的分子和分母都是自然数，而且分母不等于1。因此 $\frac{0}{2}$、$\frac{2}{1}$、$\frac{3}{0.1}$ 都不是分数。但是根据实际需要，当n = 1时，$\frac{m}{n} = \frac{m}{1} = m$；当m = 0时，$\frac{m}{n} = \frac{0}{n} = 0$（n ≠ 0）。根据这一补充定义，任何整数m都可以用分数形式 $\frac{m}{1}$ 表示。因此 $\frac{0}{2}$、$\frac{2}{1}$ 在特定情况下，可以看作分数。但在数的分类时，它们属于整数。

小学数学里，对繁分数的定义是：一个分数它的分子或分母又含有分数，这样的分数叫繁分数。根据定义，$\frac{3}{0.1}$ 是繁

分数。繁分数化简后，可能是整数，也可能是分数。例：$\dfrac{3}{0.1}$ = $\dfrac{30}{1}$ =30。

关于分数概念必须弄清楚：分数的分子和分母都是自然数，而且分母不能是1，就是说，分母最小是2，最大的分数单位是$\dfrac{1}{2}$。

小朋友，你觉得小悟空的这篇文章写得好吗？

容积就是体积吗？

一天，老鼠王带领他的孩子们到仓库偷粮食吃。他们到了仓库，数了数共有 24 个圆柱形粮囤。

鼠大哥对鼠小妹说："你能算出一个粮囤里有多少粮食吗？"

鼠小妹一甩小尾巴，很傲气地说："这还不容易，求粮囤的容积，不就是求它的体积吗？"

鼠大哥听了觉得有道理，就点头同意。其他小老鼠却七嘴八舌地议论起来，有的说不对，也有的说对。

鼠王大声说："你们别吵了。体积和容积是有区别的。前者是指物体所占空间的大小，后者是指容器或其他能容纳物质的物体的内部体积。一个物体所占空间的大小，不一定是这个物体容积的大小。同一个物体，它的容积小于它的体积。它们的测量方法也不同。如求长方体的容积要从里面量长、宽、高来计算，而求它的体积是从外面量长、宽、高来计算。求容积和体积的计算方法相同，但表示的意义并不相同。体积单位与

容积单位一般不可以通用，表示容积单位的升、毫升就不能当体积单位用。"

鼠王喘口气说："学习数学要理解概念，掌握计算法则，弄懂一些性质和公式的来历。"

小老鼠们都说鼠王给他们上了一节很好的数学课，竟高兴地鼓起掌来。不料，喧闹声把看守粮仓的黑猫警长给招来了，他们只好连滚带爬地逃跑了。

15% 和 0.15 的意义一样吗？

　　小刺猬是一个聪明而顽皮的学生，他有一个大毛病，就是上课思想总开小差，对课上老师讲的知识总是一知半解。

　　有一天老刺猬爷爷说："15% 和 0.15 的意义一样吗？"

　　小刺猬脱口而出："一样啊，今天上午才学的，15%=0.15。"小刺猬一副得意的样子，心想爷爷肯定表扬他。

　　老刺猬爷爷说："不要得意啦，你的回答不对。"

　　小刺猬不服气地小声说："就一样嘛！"

　　爷爷耐心地说："不要不服气，你上课准没有专心听课，明天问一问老师，不就会了吗？爷爷等你的好消息。"

　　第二天，小刺猬很早就到了学校。马老师来到学校，老远就看见小刺猬在办公室门口站着。马老师说："小刺猬，今天怎么来这么早呀？"

　　小刺猬说："老师，15% 和 0.15 的意义一样吗？"

　　马老师反问道："你说一样吗？"

　　小刺猬说："我说一样，可爷爷说不一样。"

马老师耐心地说："小刺猬，你问的问题很好。可这是我们昨天才讲的，你就不会，肯定上课没注意听讲。我再给你讲一遍。

"15%和0.15，它们的大小相等，但意义不一样。百分数是表示一个数是另一个数的百分之几的数，而0.15一般不表示这个意思。例如：一个数的15%，不能说成一个数的0.15；另外，百分数也叫百分率和百分比，它的后面不能带单位名称，如21%吨、17%米等都是错误的。而小数后面是可以带单位名称的，如0.47千米。"

听到这里，小刺猬明白了，他高兴地说："谢谢老师，我听懂了。以后上课，我一定认真听讲。"

活用**分数**的基本性质

　　动物运动会上，猩猩和猎豹竞争很激烈，现在猎豹的总分比猩猩多3分。下一项是猩猩和猎豹比赛400米障碍赛跑，遇上每道障碍都得计算一道题，做对了再接着跑，题目全对了，先到终点得8分，后到终点得4分。

　　猎豹想：我是动物赛跑冠军，和猩猩赛跑，让他100米，我也能先到终点，再加上四道障碍，他更差远了。

　　猩猩的教练说："咱们光凭跑比不过猎豹，要在四道障碍上下功夫，只要有信心，认真思考，做题时间短，我看有希望拿8分。"

　　比赛开始了。

　　猎豹很快跑到了第一道障碍，开始算题：$\frac{7}{20}$化成小数是多少？他把分子除以分母。这时猩猩赶了上来，很快也写出$\frac{7}{20} = 0.35$。第二道障碍的题也是把分数化成小数，猩猩一看就写出$\frac{9}{25} = 0.36$。当猩猩把第三道障碍的题（$\frac{11}{125} = 0.088$）

算完时，猎豹还没有计算完第二道题。第四道障碍的题是：80÷0.125，猩猩马上写出 80÷0.125＝640。猎豹在做第三道障碍的题时，一看猩猩早到了终点，心想：猩猩肯定做错了，想蒙混过关。

猎豹向裁判长提出猩猩计算有问题，不能给分。裁判长让猩猩讲讲计算方法。

猩猩讲："我灵活运用分数的基本性质，计算前三道题，可以直接写出得数。如 $\frac{7}{20}$，先求出分子与5的积，再把小数点向左移动两位。$7 \times 5 = 35$，小数点向左移动两位得0.35。

思考过程：$\frac{7}{20} = \frac{7 \times 5}{20 \times 5} = \frac{35}{100} = 0.35$，同样 $\frac{9}{25} = \frac{9 \times 4}{25 \times 4} = \frac{36}{100}$ =0.36，$\frac{11}{125} = \frac{11 \times 8}{125 \times 8} = \frac{88}{1000} = 0.088$。80÷0.125利用除法性质，$（80 \times 8）÷（0.125 \times 8）= 640 ÷ 1 = 640$。"

裁判长说："猩猩思路正确，计算简便，得数都对，得8分。"猎豹一听低下了头。

当宣布猩猩获得第一名时，全场响起了热烈的鼓掌声。

有化成无限不循环小数的分数吗？

　　小和尚在自学数学时，学到分数化小数一节。他通过做题发现：一个最简分数，如果分母中除了 2 和 5 以外不含有其他的质因数，这个分数就能化成有限小数；如果分母中含有 2 和 5 以外的质因数，这个分数就不能化成有限小数，只能化成无限小数。

　　于是，小和尚就专门做分母中含有 2 和 5 以外的质因数的分数。他发现，分母中只含有 2 和 5 以外的质因数，这样的分数能化成无限纯循环小数；分母中既含有质因数 2 和 5 又含有其他的质因数，这样的分数能化成无限混循环小数。就是找不到能化成无限不循环小数的分数。难道没有这样的分数？

　　小和尚带着这个问题，去求教师傅。

　　师傅说："徒儿，你的学习态度很好。化成无限不循环小数的分数是没有的。因为分数化小数是用分子除以分母，每次除得的余数必须小于除数，如果得不到有限小数，那么余数只能是从 1 到除数之间的一个自然数（包括 1 但不包括除数），

只要其中一个余数重复出现一次，其后所得的商和余数也必定重复出现。因此，商中相应数位上的数字也会重复出现。所得的商便是循环小数了。所以，化成无限不循环小数的分数是没有的。"

化成无限不循环小数的分数是没有的。

为什么小数乘法竖式不需要小数点对齐？

一天晚上小松鼠正在写作业：

$$
\begin{array}{r}
3.4 \\
\times\,0.7 \\
\hline
23.8
\end{array}
\qquad
\begin{array}{r}
1.23 \\
\times\,0.4 \\
\hline
49.2
\end{array}
\qquad
\begin{array}{r}
3.4 \\
\times\,1.3 \\
\hline
10\ 2 \\
34 \\
\hline
44.2
\end{array}
\qquad
\begin{array}{r}
18 \\
\times\,0.3 \\
\hline
5.4
\end{array}
$$

妈妈走过去一看，大声说："别写啦，全写错了。你上课肯定没注意听讲。"

小松鼠不服气地说："我听讲了，小数点都对齐了。"

妈妈一听明白了，原来小松鼠在列乘法竖式时和加减法混淆了。于是，妈妈耐心地说："小数点对齐是小数加减法竖式的关键。小数乘法的计算法则是把小数转化成整数乘法来计算的，整数乘法只需末位对齐，所以小数乘法也只需把末位对齐，不管小数点齐与不齐。计算完后，再看被乘数和乘数一共有几位小数，就从积的右边起数出几位，点上小数点，就算出正确的结果了。懂了吗？"

小松鼠说："懂了。"于是又写起了作业。

小朋友请你看一下，这回他写对了吗？

$$
\begin{array}{r}
3.4 \\
\times\ 0.7 \\
\hline
2.3\,8
\end{array}
\qquad
\begin{array}{r}
1.2\,3 \\
\times\ 0.4 \\
\hline
0.4\,9\,2
\end{array}
\qquad
\begin{array}{r}
3.4 \\
\times\ 1.3 \\
\hline
1\,0\,2 \\
3\,4\ \ \\
\hline
4.42
\end{array}
\qquad
\begin{array}{r}
1\,8 \\
\times\ 0.3 \\
\hline
5.4
\end{array}
$$

0.$\dot{9}$ 等于 1 吗?

　　森林小学的小白熊、小猩猩、小松鼠是最好的朋友。有一天，他们写完作业，小白熊提出了一个问题："你们说，0.$\dot{9}$ 等于 1 吗？"

　　小松鼠摇着大尾巴，笑着说："你真是个笨熊，净提可笑的问题。0.$\dot{9}$ 是纯小数，纯小数小于 1。小猩猩，你说对不对？"小猩猩却沉思起来。

　　过了一会儿，小猩猩说："0.$\dot{9}$ 等于 1。"小松鼠不服气地说："你能说出为什么吗？"小猩猩说："不要着急，让我想一想。噢！我想起来啦，你们看。"小猩猩边说边在纸上写：

0.$\dot{9}$ × 10=9.$\dot{9}$ 根据等式性质，等式两边都减去 0.$\dot{9}$ 得：

$$0.\dot{9} \times 10 - 0.\dot{9} = 9.\dot{9} - 0.\dot{9}$$

$$0.\dot{9} \times (10 - 1) = 9$$

$$0.\dot{9} \times 9 = 9$$

$$0.\dot{9} = 9 \div 9$$

$$0.\dot{9} = 1$$

还有：2÷2=1，2÷2不商1而商0，就得到商0.9̇

$$
2 \overline{\smash{\big)}\,2} \\
\,0.99\cdots\cdots \\
$$

```
      0.9 9……
   2 ) 2
       0
       2 0
       1 8
         2 0
         1 8
           2
```

"所以0.9̇ 等于1。"小松鼠和小白熊高兴地给小猩猩鼓
起了掌。

请你评评理

——有余数除法

　　小白羊和小花狗在写数学作业，其中有道题是400 ÷ 300 = ？

　　小白羊的算法是：400 ÷ 300 = 4 ÷ 3 = 1……1

　　小花狗的算法是：400 ÷ 300 = 1……100

　　小白羊说："我的算法简便，余数比除数小，没错。"

　　小花狗说："你做错了，被除数和除数缩小了100倍，余数也缩小了100倍，所以余数1是不对的。"

　　小白羊说："我是根据商不变的性质做的，怎么会错？"

　　小花狗说："验算一下就知道了。"他说着写出：

　　400 = 300 × 1 + 100 = 400

　　400 = 300 × 1 + 1 = 301

　　被除数 = 除数 × 商 + 余数

　　小白羊看了验算恍然大悟。

　　小花狗说："4 ÷ 3 = 1……1，5 ÷ 4 = 1……1，所以，4 ÷ 3 = 5 ÷ 4，对吗？"

小白羊说："$4÷3 = 1\frac{1}{3}$，$5÷4 = 1\frac{1}{4}$，商的整数部分和分子相等，但分数部分的分母不同，所以，$4÷3 ≠ 5÷4$。"

小花狗说："那么 $4÷3 = 40÷30 = 400÷300$ 对吗？"

"对呀！"小白羊说，"根据被除数和除数同时扩大或缩小 (零除外) 一个相同数，商不变的道理，我认为对。"

小花狗说："这是有余数的除法，和整除不一样。"

他俩互相不服气，就找熊猫老师评理。

熊猫老师看了题，说："这是有余数的除法。你们把 $4÷3$，$40÷30$，$400÷300$ 分别计算一下，然后再验算，并和整除式题比较一下，自己就会明白了。"

小白羊说："$4÷2 = 40÷20 = 400÷200$，它们的商相同，为什么 $4÷3$ 就和 $40÷30$、$400÷300$ 不相等？"

小朋友，请你帮助小白羊解释一下吧！

分数除法为什么要**颠倒**相乘？

星期日上午 8 点在学校礼堂，举行数学讲座。

小猩猩、小白兔、小白熊、小企鹅和小雄鹰一块儿去听课。

山羊博士说："今天讲一讲，分数除法为什么要颠倒相乘。这个问题分三个方面来说明：

一、利用乘除运算性质来说明：

$$\frac{2}{7} \div \frac{3}{5} = \frac{2}{7} \div (3 \div 5) = \frac{2}{7} \div 3 \times 5 = \frac{2}{7} \times 5 \div 3$$

$$= \frac{2}{7} \times (5 \div 3) = \frac{2}{7} \times \frac{5}{3}$$

二、利用商的变化规律来说明：

$$\frac{2}{7} \div \frac{3}{5} = \left(\frac{2}{7} \times \frac{5}{3}\right) \div \left(\frac{3}{5} \times \frac{5}{3}\right) = \frac{2}{7} \times \frac{5}{3} \div 1 = \frac{2}{7} \times \frac{5}{3}$$

三、利用实例合理推导：

例：爱民小学师生利用课外时间，$\frac{3}{5}$ 小时开荒土地 $\frac{2}{7}$ 亩，那么 1 小时开荒多少亩？

根据题意列式：$\frac{2}{7} \div \frac{3}{5}$

因为 $\dfrac{3}{5}$ 小时开荒 $\dfrac{2}{7}$ 亩，所以 $\dfrac{1}{5}$ 小时开荒 $\left(\dfrac{2}{7}\times\dfrac{1}{3}\right)$ 亩，那么 1 小时开荒：$\dfrac{2}{7}\times\dfrac{1}{3}\times5=\dfrac{2}{7}\times\dfrac{5}{3}$（亩）。

因此，$\dfrac{2}{7}\div\dfrac{3}{5}=\dfrac{2}{7}\times\dfrac{5}{3}$。"

数学讲座结束了，小猩猩、小白兔、小白熊、小企鹅和小雄鹰都深深地记住了：分数除法要颠倒相乘。

你知道"倍"与"倍数"的区别吗？

　　青青和明明是同班同学，住同一个小区，经常在一块儿写作业。

　　放暑假了，青青和明明在一起做数学作业。做着做着，青青突然拿着笔，歪着头，陷入了沉思。明明问："青青，怎么了？"

　　青青回过神来，问道："明明，你知道'倍'和'倍数'的区别吗？"

　　明明不假思索地说："知道，它们没有区别。"

　　青青说："不对，我从一本课外辅导书上看过，上面说不一样，有区别，可我也记不清为什么了。"青青又接着说："咱们一块儿去问刘阿姨吧，我听妈妈说，她在市数学教研中心上班，一定会知道。"

　　青青和明明一块儿来到刘阿姨家，一看刘阿姨在洗衣服，俩人有些迟疑地嘀咕起来。

　　刘阿姨问："青青，你们干吗呢？"

青青试探着说："我们想问阿姨一个问题。"

刘阿姨说："什么问题呀？"

青青说：" '倍' 和 '倍数' 一样吗？"

刘阿姨说："好，我给你们讲一讲。'倍' 指的是数量关系，它建立在乘法概念的基础上。如黑兔 12 只，白兔的只数是黑兔的 3 倍，即白兔的只数有 3 个 12，$12 \times 3 = 36$(只)。'倍数' 指的是数与数之间的关系，它建立在整除概念的基础上。如 $24 \div 8 = 3$，24 是 8 的倍数，即 24 是 8 的 3 倍。它们的共同点是都不能单独存在，即有互相依存性，说白兔的只数是 3 倍，24 是倍数，是不行的。必须说清楚，白兔的只数是 12 只的 3 倍，24 是 8 的倍数。

"另外还有一点，'倍数' 在整除中指的是被除数，只能是整数；在一般除法中指的是商，可以是整数，也可以是小数、分数。如：扩大或缩小相同的倍数，这个倍数就不一定是整数。"

青青和明明终于听明白了，他俩高兴地齐声说："谢谢阿姨。"

比和连比有什么异同?

华英和华杰是双胞姐弟,又是同学。姐弟俩经常在一起讨论问题,挖根求源。有时他们争论得面红耳赤,实在无法,就到爸爸那里打"官司",因为爸爸在他们心目中是最有权威、最公正的"大法官"。

这不,姐弟俩对连比是不是表示连除的问题又意见不一,谁也说服不了谁,于是二人又去找爸爸。

爸爸说:"二位小鬼头,是不是又来打'官司'?"姐弟俩用眼睛做了回答。爸爸接着说:"好,咱们一块儿谈一谈。"

华杰说:"爸爸,连比是不是也表示连除呢?它和比的意义一样吗?它们的异同是什么?"

爸爸听了华杰一连串的问题,高兴地说:"好儿子,在学习上就得有这么股子钻劲。来,我一个一个给你们讲。首先要弄清楚比的意义,两个数相除又叫作两个数的比。所以,比就是除的意思,如 $3:4=3\div4$。比有比值,如 $3:4=3\div4=0.75$。比有比的基本性质,根据比的基本性质,可以把比化简,如

12：6＝2：1。比还清楚地表示，两个量在总量和中各占的份数，如 3：4，总量和是 7，一个量占 3 份，另一个量占 4 份。

"连比，不可以看作连除，它是两个比的合成书写形式。

连比没有连除的意思，所以也就没有比值。三个量写成连比，表示三个量中，每两个量之间的倍数关系，也表示三个量各在总量和中占的份数。如 3：5：4，总量和是 12，第一个量占 3 份，第二个量占 5 份，第三个量占 4 份。两个比，可以写成连比。如甲与乙的比是 3：4，乙与丙的比是 5：2，先求出乙量在两个比中所占的份数的最小公倍数，4 和 5 的最小公倍数是 20，根据比的基本性质，就可以写成连比 15：20：8。听懂了吗？"

姐弟二人齐声说："听懂了。"

"好，今天不早了，去睡觉吧！"爸爸满意地目送两个孩子背影，随后又开始了自己的工作。

异分母分数加减法为什么先通分?

有一天聪明娃写完作业，心想：$\dfrac{1}{2} + \dfrac{1}{3} = \dfrac{3}{6} + \dfrac{2}{6} = \dfrac{5}{6}$，为什么 $\dfrac{1}{2} + \dfrac{1}{3} \neq \dfrac{2}{5}$ 呢?

正在这时妈妈下班了。聪明娃跑过去拉住妈妈的手说："妈妈，先给我讲题吧！"

妈妈说："讲什么题呀？我看看。"

聪明娃说："不是一道题，是一个道理我不懂。为什么异分母分数加减，必须先通分呢？"

妈妈说："好孩子，你爱问问题很好，在学习上就要这样多问几个为什么，把知识学深学透。"聪明娃聚精会神地听着。

妈妈开始讲起来："分数的分母决定分数单位的大小。分母不同的分数，分数单位不同，单位不同的两个数是不能加减的。这就如同 3 吨 +4 棵是无法计算的道理是一样的。加减法就是相同的计数单位之间的增多与减少的运算。例如 5 吨 + 4 吨 = 9 吨，$\dfrac{7}{9} - \dfrac{5}{9} = \dfrac{2}{9}$。通分就是把分母不同的分数，根据分

数的基本性质，变成分母相同的分数，也就是把分数单位不同的两个分数变成分数单位相同的两个分数。分数单位相同了，就可以加减了。所以异分母分数加减法，必须先通分后加减。听懂了吗？"

聪明娃高兴地说："妈妈，我听懂了。"

分数乘法为什么要分子乘分子、分母乘分母？

星期日上午 8:00 学校礼堂又有数学专题讲座。小猩猩、小白兔、小白熊、小企鹅、小雄鹰几个小伙伴一块儿去听。

山羊博士说："同学们，欢迎你们来听课。今天讲一讲分数乘法为什么分子乘分子，分母乘分母。这个问题从以下两个方面来进行说明：

一、利用实例合理推导：

例：一台磨面机每小时磨面 $\frac{1}{2}$ 吨，$\frac{3}{5}$ 小时磨面多少吨？

解法：工作效率 × 工作时间 = 工作总量。

算式：$\frac{1}{2} \times \frac{3}{5}$

$\frac{1}{2} \times \frac{3}{5}$ 的意义就是求 $\frac{1}{2}$ 的 $\frac{3}{5}$ 是多少。$\frac{1}{2}$ 吨的 $\frac{3}{5}$ 就是把 $\frac{1}{2}$ 吨平均分成 5 份，取其中的 3 份。把 $\frac{1}{2}$ 吨平均分成 5 份，就是把 1 吨平均分成 $2 \times 5 = 10$ 份，把 1 吨平均分成 10 份，每份是 $\frac{1}{10}$ 吨（$\frac{1}{2 \times 5}$），3 份就是 $\frac{1}{2 \times 5} \times 3 = \frac{1 \times 3}{2 \times 5}$；所以 $\frac{1}{2} \times \frac{3}{5} = \frac{1 \times 3}{2 \times 5} = \frac{3}{10}$。

二、利用乘除法的运算性质来说明：

$$\frac{1}{2} \times \frac{3}{5} = （1 \div 2） \times （3 \div 5） = 1 \div 2 \times 3 \div 5$$

$$= 1 \times 3 \div 2 \div 5 = （1 \times 3） \div （2 \times 5）$$

$$= \frac{1 \times 3}{2 \times 5}。"$$

课讲完了，这几个小伙伴蹦蹦跳跳地往家走。一路上，他们高兴地说："今天又懂了一个数学道理。"

你知道小 " · " 点在 小学数学 中的位置与作用吗?

　　求知娃经常梦见自己在知识宫中漫游,今晚他又进入了奇妙的梦境:他乘上宇宙飞船,漫游在知识的太空。突然前面出现了一座富丽堂皇的数学宫。求知娃加足马力飞了过去,刚要进宫就被门将挡在了外面。

　　门将大声问道:"小娃娃,你叫什么名字?"

　　"我叫求知娃,想进数学宫学习。"

　　门将说:"想进去不难,必须答对一个问题。"

　　求知娃胸有成竹地说:"请出题吧!"

　　门将用手一指,说:"你看那是什么?"

　　求知娃扭头一看,一个闪闪发光的小圆点飘了过来,他脱口答道:"小圆点。"

　　门将又说:"你能说出它在小学数学中的位置与作用吗?"

　　求知娃说:"能呀!你听着。第一、它写在个位的右下角,是小数点,是整数部分和小数部分的分界线,如3.14。第二、它写在两个数的正中间是乘号,与 × 号同用,如 A · X。第

三、它写在数字的头顶是循环符号，如 $3.\dot{3}$。第四、如果两个点一起用，写在数字当中是比号，如 $13:5$。第五、如果三个点或六个点连用就是省略号，如 1、2、3……；1、2、3…99、100。"

门将听了求知娃的回答，满面笑容地说："你讲得很好，请进吧。"求知娃高高兴兴地跑进了数学宫……

为什么小数的末尾添上"0"或去掉"0", 小数的大小不变?

赤面猴在学习上总爱问个为什么,所以同学送他一个雅号——"为什么"。

有一天他把书面作业写完,拿起书来背概念:"小数的末尾添上'0'或去掉'0',小数的大小不变,这叫作小数的性质。"一会儿他就背熟了,然而他却皱起眉头,陷入了沉思。

小朋友,你知道小赤面猴在想什么吗?原来他在想为什么小数的末尾添上"0"或去掉"0",小数的大小不变呢?他想了半天也没想出个所以然。于是他决定去求教数学博士——六耳猕猴老爷爷。

赤面猴说:"老爷爷,整数末尾添上'0'或去掉'0',数的大小就变了;而小数末尾添上'0'或去掉'0',数的大小为什么不变呢?"

老爷爷和蔼地说:"小娃娃,数的大小是由计数单位的多少决定的。两个数比较大小,要看这两个数所含的相同的计数单位的多少来定,多的大、少的小。

"例如：3 和 30，它们的计数单位都是 1，3 里面有 3 个 1，30 里面有 30 个 1，所以 30 比 3 大。

"8 和 8.0 的计数单位不同。8 的计数单位是 1，8 里面有 8 个 1；8.0 的计数单位是 0.1，8.0 里面有 80 个 0.1。

"因为有 10 个 0.1 是 1，所以 1 里面有 10 个 0.1，那么 8 里面就有 80 个 0.1，因而 8 和 8.0 大小相等。"

听到这里，赤面猴高兴地跳起来说："谢谢老爷爷，我知道为什么了。"小朋友，你知道了吗？

乘数是 375、625、875 能**速算**吗?

　　这次数学速算比赛明明又得了第一。像乘数是 375、625、875 这样的题,明明所用的时间最短,正确率也最高,不知道他用的什么巧法。

　　东东和大力带着疑惑来到了张老师的办公室。大力问:"张老师,我们不明白明明每次速算比赛都得第一名,像乘数是 375、625、875 的乘法题,他也算得那么快,他有什么速算技巧吗?"

　　张老师听了他俩的话,非常高兴。他答道:"你们提的这个问题很好。明明学习刻苦,善于动脑筋,理解所学知识比较透彻,并能举一反三,灵活运用。这是他取得好成绩的主要原因。"

　　张老师刚说到这儿,正好明明抱着全班作业来了。张老师对明明说:"他们问我你的速算成绩这么突出,有什么巧法?"

　　"对,你给我们讲讲好吗?"东东说。

　　张老师接着说:"这样吧,明明回去准备一下,明天给全

班同学介绍一下。"

第二天，明明胸有成竹地走上讲台，在黑板上写了几个字：乘数是 375、625、875 的速算法。同学们一下子被吸引住了，有的小声说："这么大的数也能速算？""嘘，听着。"一个同学制止说。

明明讲了如下算法：

1. 一个数乘以 375

如果一个数乘以 375，可以先用这个数除以 8，再乘以 3000，其结果就是所求的得数。

如：$320 \times 375 = 320 \div 8 \times 3000 = 40 \times 3000 = 120000$

2. 一个数乘以 625

如果一个数乘以 625，可以先用这个数除以 8，再乘以 5000，其结果就是所求的得数。

如：$5.6 \times 625 = 5.6 \div 8 \times 5000 = 0.7 \times 5000 = 3500$

3. 一个数乘以 875

如果一个数乘以 875，可以先用这个数除以 8，再乘以 7000，其结果就是所求的得数。

如：$7.2 \times 875 = 7.2 \div 8 \times 7000 = 0.9 \times 7000 = 6300$

"这是运用一个因数扩大几倍，另一个因数缩小相同的倍数，积不变的道理来计算的。"明明说。

同学们听了明明的介绍，都热烈地鼓起掌来。小朋友你学会了吗？

怎样求最小公倍数？

　　小猴子放学回家后，把书包一扔，就上山去玩了，小花猫先写完作业才去玩。小猴子常对小花猫说："我不写作业，考试考分也比你多。"小花猫不服气，就暗下功夫，非超过小猴子不可。

　　较量的机会终于到了。这次考试内容是求最小公倍数。小猴子按照先分解质因数，然后再把所有的商和除数相乘，所得积就是最小公倍数的方法做题。

　　时间不长，小花猫第一个交了试卷。小猴子却认为小花猫一定是不会做，没办法才交了试卷。

　　第二天，猩猩老师高兴地说："这次考试，小花猫得100分，用的方法简便，计算迅速。请小花猫介绍一下经验，她是怎样求最小公倍数的。"

　　小花猫介绍说："今天考试的题，除了平常用的求最小公倍数的方法外，我还用了三种方法求最小公倍数：

　　1. 用扩大一个大数的方法。

如求 25 和 40 的最小公倍数，把 40 扩大 2 倍得 80，80 不是 25 的倍数，扩大 5 倍得 200，是 25 的倍数，所以 200 是 25 和 40 的最小公倍数。

2. 求两斜线连线的两个数的积。

如求 84、96 的最小公倍数

$$
\begin{array}{r|rr}
2 & 84 & 96 \\
2 & 42 & 48 \\
3 & 21 & 24 \\
  & 7 & 8
\end{array}
$$

不用把所有的商和除数相乘，只用：

$84 \times 8 = 672$ 或 $96 \times 7 = 672$

672 就是 84 和 96 的最小公倍数。

3. 遇到数位相同，各位上数字相同的两个数，可以用一个数乘以另一个数的一个数字，积就是它们的最小公倍数。

如求 33 和 77 的最小公倍数：

$33 \times 7 = 231$ 或 $77 \times 3 = 231$

231 是 33 和 77 的最小公倍数。"

听完小花猫的经验介绍，小猴子想：小花猫进步这么快，自己可不能光玩了，也得努力了。

$\frac{1}{3} + \frac{2}{3} = \frac{3}{6}$，对吗？

　　小猴子、小白兔和小熊都说自己聪明。小猴子伸出大拇指说："我上树、打跟斗和用两条腿走路，你们谁也比不过我。"

　　小白兔斜了小猴子一眼，说："哼，常说狡兔三窟（kū），为避免敌人袭击我，我可以和敌人捉迷藏。你连个洞也不会打，还有脸卖聪明！"

　　小熊也不服气地说："游泳你们谁也不是我的对手，不聪明会游泳吗？"

　　他们争论得脸红脖子粗，互不相让。最后，他们一起去找大猩猩博士评理。

　　小白兔把争论的情况告诉了大猩猩博士。大猩猩博士一听笑了，他语重心长地说："你们三个各自讲了自己的长处，那是你们自己的本能，有助于你们生存。"大猩猩博士思考了一会儿，又乐哈哈地说："我出道题，谁算对了大家就承认谁聪明，好不好？""好！"他们三个异口同声地回答。

大猩猩博士出了道题：$\frac{1}{3} + \frac{2}{3} = ?$

小白兔一看题，高兴地说："这还不容易，$\frac{1}{3} + \frac{2}{3} = \frac{3}{6}$，没错。"

小猴子嘴快："你说错了，应该是$\frac{1}{3} + \frac{2}{3} = \frac{3}{3} = 1$。"

小熊大声说："我认为你说的也不对，为什么分子 $1 + 2 = 3$，分母也是 3 呢？"小猴子说："还是让大猩猩博士讲讲，看谁说的对？"

大猩猩博士讲："解决这个问题，必须弄明白分数的意义。分数就是把单位'1'平均分成若干份，表示这样的 1 份或几份的数，叫作分数。$\frac{1}{3}$就是把单位'1'平均分成 3 份，取其中的 1 份。把单位'1'分成若干等份，表示其中 1 份的数，就是这个分数的单位，如$\frac{1}{2}$、$\frac{1}{3}$……分数的分母相同，就是分数的单位相同。单位相同的分数相加，也就是同分母分数相加，只要分子相加，分母不变。可不能把分子、分母都分别加起来。"

小白兔和小熊听了都抢着说："我明白了，小猴子做对了。"

小花狗**战胜**了小白羊

——比较分数大小

小花狗和小白羊是好朋友，他俩形影不离。小花狗头脑灵活，遇事善于思考；小白羊争强好胜，不甘人后。在学习方面，他俩互不服气。

一天，小花狗和小白羊一块儿写数学作业，其中有一道比较分数大小的题：

比较 $\dfrac{4}{9}$、$\dfrac{6}{11}$ 和 $\dfrac{9}{13}$ 的大小。

小白羊用的是通分法：

$$\frac{4}{9} = \frac{4 \times 11 \times 13}{9 \times 11 \times 13} = \frac{572}{1287}$$

$$\frac{6}{11} = \frac{6 \times 9 \times 13}{11 \times 9 \times 13} = \frac{702}{1287}$$

$$\frac{9}{13} = \frac{9 \times 11 \times 9}{13 \times 11 \times 9} = \frac{891}{1287}$$

因为 $\dfrac{891}{1287} > \dfrac{702}{1287} > \dfrac{572}{1287}$（同分母分数，分子大的分数比较大），所以 $\dfrac{9}{13} > \dfrac{6}{11} > \dfrac{4}{9}$。

小花狗说："你这个比较方法太麻烦。这道题分母的最小公倍数很大，分子的小，容易找最小公倍数（36）。利用分子相同，比较分母的方法做就省事多了。"

$$\frac{4}{9} = \frac{4 \times 9}{9 \times 9} = \frac{36}{81}$$

$$\frac{6}{11} = \frac{6 \times 6}{11 \times 6} = \frac{36}{66}$$

$$\frac{9}{13} = \frac{9 \times 4}{13 \times 4} = \frac{36}{52}$$

因为 $\frac{36}{52} > \frac{36}{66} > \frac{36}{81}$，（分子相同，分母小的分数大）。

所以 $\frac{9}{13} > \frac{6}{11} > \frac{4}{9}$。

小白羊一看小花狗的做法是简便，但他不服气，便思忖着：还有没有别的方法比较分数的大小呢？对，我在课外书上看到了一种好方法。"小花狗，我还能用十字相乘法比较分数大小。"小白羊得意地说。

如比较 $\frac{5}{8}$ 和 $\frac{7}{10}$ 的大小。

把分数的分子、分母按箭头所表示的方向相乘（对角相乘），积大（箭头方向）的一边分数较大。

$$\frac{5}{8} \qquad \frac{7}{10} \qquad\qquad \frac{5}{8} \diagup\!\!\!\!\!\diagdown \frac{7}{10}$$

$$5 \times 10 = 50 \qquad\qquad 7 \times 8 = 56$$

因为 56>50，积大的一边分数是 $\frac{7}{10}$，所以 $\frac{7}{10} > \frac{5}{8}$。

小花狗想：小白羊真不简单，我也得出张硬牌。小花狗讲：

"我利用甲＞乙，乙＞丙，那么甲＞丙的道理来进行比较分数大小。"下面便是小花狗举出的例子。

比较 $\frac{2}{9}$ 和 $\frac{4}{7}$ 的大小。

用 $\frac{1}{2}$ 做标准数，把 $\frac{2}{9}$、$\frac{4}{7}$ 分别与 $\frac{1}{2}$ 比较：

因为 $\frac{4.5}{9} = \frac{1}{2}$，$\frac{2}{9} < \frac{4.5}{9}$，所以 $\frac{2}{9} < \frac{1}{2}$；

因为 $\frac{3.5}{7} = \frac{1}{2}$，$\frac{3.5}{7} < \frac{4}{7}$，所以 $\frac{1}{2} < \frac{4}{7}$；

因为 $\frac{2}{9} < \frac{1}{2}$，$\frac{1}{2} < \frac{4}{7}$，所以 $\frac{2}{9} < \frac{4}{7}$。

小白羊赞许地说："你真善于动脑筋。"

小花狗谦虚地说："咱们以后研究一下，看能不能发现更多比较分数的大小的方法。"

小白羊点头说道："好呀！"

小朋友，你还有什么方法能比较分数的大小？

我是标准数相比法，我们都可以用来比较分数之间的大小。

我是通分法。

我是公倍数法。

我是十字相乘法。

采标本
——巧算式题

一天，李亮、郭明和孙杰三人到万丈山采集标本。这里山高林密，很少有人来。他们正为找不到标本发愁时，遇见一位土著"野人"。听完他们三个人的请求，"野人"用手比画着说："我出题，你们巧算。做对了，我就帮你们采标本。"

① $82\frac{1}{8} \div 9$ ② $25 \times 1.25 \div \frac{1}{32}$

李亮的巧算是：

$$① \ 82\frac{1}{8} \div 9 = (81 + 1\frac{1}{8}) \times \frac{1}{9}$$

$$= 81 \times \frac{1}{9} + \frac{9}{8} \times \frac{1}{9}$$

$$= 9 + \frac{1}{8}$$

$$= 9\frac{1}{8}$$

那"野人"说："你为什么这样算？"

李亮："我把 $82\frac{1}{8} \div 9$，写成 $(81 + 1\frac{1}{8}) \times \frac{1}{9}$，用乘法分配律计算，$81 \times \frac{1}{9}$，$\frac{9}{8} \times \frac{1}{9}$ 都能约分，这样算简便。"

郭明说："我会做第二道题了。"

②$25 \times 1.25 \div \frac{1}{32} = 25 \times 1.25 \times 32$

$$= （25 \times 4）\times （1.25 \times 8）$$

$$= 100 \times 10$$

$$= 1000$$

郭明说："我是这样想的，见到 25 和 1.25 就找 4 和 8，除以 $\frac{1}{32}$，相当于乘以 32，32 = 8 × 4，再运用乘法交换律和结合律计算，就方便多了。"

"野人"说："你们很会动脑筋。我再出一道题看谁先做出来。"他说完写出：

（11 × 9 + 1）×（99 × 111 + 1111）×（11 × 70 - 770）= ？

孙杰同学的答案如下：

（11 × 9 + 1）×（99 × 111 + 1111）×（11 × 70 - 770）

=（11 × 9 + 1）×（99 × 111 + 1111）×（770 - 770）

=（11 × 9 + 1）×（99 × 111 + 1111）× 0

= 0

孙杰写完后说："乍一看这道题很难，当一看到 11 × 70 = 770 时，770 - 770 = 0，问题就解决了。"

他们都做对了。"野人"履行承诺，带着他们采集了很多标本。

兔王智胜老狐狸

——巧算分数式题

兔王一家有 26 口人，分别住在一个大土丘上的五个小洞里。东山有只老狐狸经常来袭击兔王一家。

这天兔王对家人说："为了保全咱们全家，你们赶快搬走，我留下来对付老狐狸，这是命令，必须服从。"不到两天，大土丘上只剩下兔王了。

这天兔王吃饱了，正在晒太阳，不知不觉睡着了。老狐狸饿了，偷偷下山来到大土丘附近。他悄悄地围着大土丘转，眼睛一亮，发现有只大兔子正在睡觉。他一猫腰，向前一扑，双爪按住了兔王。老狐狸哈哈大笑说："你这个老奸巨猾的东西，我捉了你五年了，今天总算抓住你了，看你还往哪儿跑。"

兔王镇静地说："我老了，孩子们不孝顺，都跑了，我也不想活了，就等你吃呢。你是最聪明的，我出道题你算出来再吃我也不晚。如果现在吃，我一生气肉就不好吃了。"

老狐狸说："好哇，你出题吧！"

兔王出了道计算题：

$$\frac{1+2+3+4+5+6+7+8+7+6+5+4+3+2+1}{88888888} = ?$$

老狐狸一看题说："这还能难住我！"说着就口中念念有词地算起来。算式：

$$\frac{(1+7)+(1+7)+(2+6)+(2+6)+(3+5)+(3+5)+(4+4)+8}{88888888}$$

$$= \frac{8+8+8+8+8+8+8+8}{88888888}$$

$$= \frac{8 \times 8}{88888888}$$

$$= \frac{8}{11111111}$$

兔王一看老狐狸算对了，趁他不注意，"噌"地一下子钻了洞。老狐狸正在得意，可没料到兔王还有这么一招。到嘴的肉没吃上，把老狐狸气了个半死。

梦里妙算式题

丁宁坐着宇宙飞船在太空飞翔，看到的星星又多又明亮。突然，北方有个像大轮船一样的东西向丁宁飞来。

丁宁刚想降低高度逃跑，不知道是怎么回事，他的宇宙飞船落到了这个庞然大物的肚里。"哈哈……"他听到人的笑声。

丁宁冷静一看，庞然大物里有四个外星人，三男一女，大眼睛，粗胳膊粗腿，有两米多高。其中一个大胡子外星人问："你是哪里人？"

丁宁："我是地球上的中国人。"

他们异口同声地说："真没想到小小的地球上也有人。"

一个男人说："你一个小孩子能到这里来，看来你们的交通工具够先进的，也说明地球上的中国人很聪明。"

"对，我出道题考考他，看他有多聪明。"另一个外星人插嘴道。说着，那人写出一道试题：

$99999 \times 7778 + 33333 \times 6666$

丁宁的计算如下：

$$99999 \times 7778 + 33333 \times 6666$$

$$= 99999 \times 7778 + 33333 \times 3 \times 2222$$

$$= 99999 \times 7778 + 99999 \times 2222$$

$$= 99999 \times （7778 + 2222）$$

$$= 99999 \times 10000$$

$$= 999990000$$

外星人伸出大拇指说："你做对了，而且方法简便，太聪明了。你给我们出道题吧。"下面是外星人做的丁宁出的题：

$$1 - \frac{1}{10} - \frac{1}{100} - \frac{1}{1000} - \cdots\cdots - \frac{1}{1000000}$$

$$= 1 - 0.1 - 0.01 - 0.001 - \cdots\cdots - 0.000001$$

$$= 1 - （0.1 + 0.01 + 0.001 + \cdots\cdots + 0.000001）$$

$$= 1 - 0.111111$$

$$= 0.888889$$

丁宁高兴地说："你们也做对了，向你们学习。我该回去了，再见。"

外星人把丁宁的宇宙飞船推出来："再见，小朋友！"丁宁觉得自己像从天上掉下来一样，吓了一身汗，原来是个梦呀！

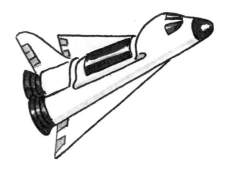

奇数的妙算

　　小白兔正在地里吃草，突然"噌"地一下子跳过来一个东西，把他吓了一跳。小白兔定睛一看，原来是只青蛙，眼里还含着伤心的泪花呢。小白兔一看青蛙伤心的样子就问："你有什么伤心事吗？"

　　青蛙擦了一下眼泪说："你知道，在这块稻田里我们是个大家族，有几千只青蛙，可现在……"青蛙说着抽咽起来，哭成个泪人儿。

　　小白兔说："你是受法律保护的动物，对人类有益，谁还敢伤害你？"

　　青蛙愤愤地说："都是那些赚黑心钱的人，不论白天黑夜地捉了我们卖给饭店。"

　　"这可不像话，环保部门准得教育他们。"小白兔说，"那你们现在还有多少只青蛙？"

　　青蛙叹口气说："从 1 开始，15 个连续奇数相加的和。"青蛙是个数学能手，都这时候了，还不忘卖关子。

小白兔就依次加着算起来，可"吭哧"半天也没个结果。

青蛙着急了，说："这还不好算，从 1 开始共有几个奇数相加，它们的和就是这个奇数个数的平方。如有 1+3+5+7+9 这 5 个奇数，和是 $5^2=5 \times 5=25$。有 11 个奇数相加的和就是 $11^2=11 \times 11=121$。"

小白兔："我不明白，这为什么？"

青蛙讲："$1 + 3 + 5 + 7 + 9 = （3 + 7）+（1 + 9）+ 5 = 10 + 10 + 5 = 5 + 5 + 5 + 5 + 5 = 5 \times 5 = 25$。"

小白兔高兴地一竖耳朵说："我会算了，你们现在有 $15 \times 15 = 225$（只）青蛙，对吧？"

青蛙说："你说对了，50 多亩的稻田，只有 225 只青蛙，那些吃庄稼的害虫这下可高兴了。"

乘除互变
——速算乘除式题

小猴子和小熊都上六年级，小猴子数学常考 100 分，小熊却常不及格。

小熊学习很用功，他对所学的数学概念、计算法则都能背过，可为什么考试总是不及格？

小猴子认为学数学得动脑筋，得灵活运用基础知识，死记硬背可学不好数学。

小熊说："我计算太慢，一遇到有整数、小数和分数的乘除法，头就发昏，真是烦死了。"

小猴子说："那好，我先给你讲乘（除）数是 0.5、0.25、0.125、0.75、0.0625 的速算法。"

小熊拍手说："太好了，我就怕计算这种题。"

下面是小猴子讲的题：

可以利用 5 与 0，整数与小数、分数之间的关系，乘法可以变除法，除法可以变乘法。举例如下：

① $\begin{cases} 68 \times 0.5 = 68 \div 2 = 34 \\ 42 \times 0.5 = 42 \div 2 = 21 \end{cases}$

② $\begin{cases} 84 \times 0.25 = 84 \div 4 = 21 \\ 2.75 \div 0.25 = 2.75 \times 4 = 11 \end{cases}$

③ $\begin{cases} 84 \times 0.75 = 84 \times \dfrac{3}{4} = 21 \times 3 = 63 \\ 21 \div 0.75 = 21 \times 4 \div 3 = 84 \div 3 = 28 \end{cases}$

④ $\begin{cases} 480 \times 0.0625 = 480 \div 16 = 30 \\ 1.375 \div 0.0625 = 1.375 \times 16 = 22 \end{cases}$

$$0.0625 = \frac{625}{10000} = \frac{1}{16}$$

⑤ $\begin{cases} 96 \times 0.125 = 96 \div 8 = 12 \\ 6.25 \div 0.125 = 6.25 \times 8 = 50 \end{cases}$

小熊听了非常高兴："你讲的这些速算法，真使我大开眼界。谢谢你！"

从此，小猴子成了小熊的小老师。

贝贝当上接班人

——巧算 1+2+3+……+100？

老猴王一家 50 多只猴子，在花果山上住了八年多了，全家生活得很美满。

一天，老猴王又感冒了，身体虚弱，走路很费劲。他想：我的身体不行了，为了维护这个家庭的团结，让大家的生活过得幸福，得选一个好的接班人。

老猴王找来"军师"商量选接班人的事。

"军师"献策说："比赛爬山、上树，看谁体力好；再比赛算题，看谁聪明。"

老猴王听了拍手说："这个选法不错。"于是他们拟定了日期准备选接班人。

这天，老猴王召集大家开会，讲了选接班人的意义，公布了两个条件。众猴听罢，群情沸腾，议论纷纷，踊跃参选，共有 21 只猴子报名。

第一项比赛开始，裁判员一声哨响，21 只猴子像离弦之箭，飞奔山顶。"加油！加油！"在一片呐喊声中，小猴贝贝第一个到达山顶。紧接着比赛上树，小猴贝贝又胜利了。

第二项比赛，老猴王讲了考场纪律，答卷时间三分钟。他把小黑板一挂，题目是：$1 + 2 + 3 + \cdots\cdots + 100 = ?$

21 只猴子都认真思考着，有的急得抓耳挠腮，有的摞石子画图形。贝贝站起来先交了卷，他不到一分钟就做完了。老猴王一看，小猴贝贝做对了。

贝贝是这样做的：头加尾得 101，共 50 个 101。

$1 + 2 + 3 + 4 + \cdots\cdots + 100$

$= （1+100）\times（100 \div 2）$

$= 101 \times 50$

$= 5050$

就这样，身强体壮、聪明过人的小猴贝贝当上了老猴王的接班人。

什么叫"两边一拉，中间相加"？

　　一年级的小朋友不知从什么地方听来这样一句话："两边一拉，中间相加"。课外活动的时候，他们反反复复地念叨着，边念边跳皮筋。

　　我们班班长过去，走到一年级小朋友身边小声地问："小同学，你们说的这句话是谁教给你们的？"

两边一拉，
中间相加……

"我哥哥。"一个小朋友抢先答道。只见班长又和那个小朋友说了一会儿话，就离开了。

在我们班的游艺活动上，班长第一个发言："我给同学们出个谜语。这个谜语是一种数学计算方法，谜面是'两边一拉，中间相加'。"

"什么谜语呀！这不是小朋友跳皮筋时念的那句话吗？"我心里嘟囔着。

教室里安静极了，没有一个人发言。我想，今天该我露一手了，于是我说："小朋友跳皮筋的口令。"

"哗——"全班同学都笑了，我赶紧把头低了下去。

只听班长解释道："两边一拉，中间相加，是一个数乘以11的口诀。"班长边说边拿起粉笔在黑板上写：

$$25 \times 11 = 275 \qquad 24 \times 11 = 264$$

我一看，真是服了。看来班长真有两下子。我心里想着，继续等着班长的发言。

突然一个同学问："乘数是三位数（111）或四位数（1111）如何算呢？"班长没有回答，只见他继续在黑板上写着：

24×1111 的得数还没写完呢，大部分同学就鼓起了掌。班长说："谢谢，我还没写完呢！"说着他又继续写出一个算式：

$$98 \times 11 = ?$$

"请同学们试一试，看看学会了没有。"班长说。

"乘数是两位数的，好说。"我边写边小声说，"两边一拉，中间相加。"

$$
\begin{array}{ccc}
9 & & 8 \\
9 & ? & 8
\end{array}
$$

说着挺顺嘴，我却做不上来了，我赶紧列了一个竖式：

$$
\begin{array}{r}
9\,8 \\
\times\ 1\,1 \\
\hline
9\,8 \\
9\,8\quad \\
\hline
1\,0\,7\,8
\end{array}
$$

我正在动脑筋，不知哪个快嘴又说话了："中间满10，要往前一位进1。"人家说完了，我也想好了。唉，晚一步，真可惜。抬头看黑板，只见班长又写：

$$
\begin{array}{ccc}
9 & & 8 \\
9{+}1 & 7 & 8 \\
10 & 7 & 8
\end{array}
$$

噢！原来是这样理解，小朋友们，你学会了吗？

找规律填"？"

大兴安岭有一群狼，他们这个家族原来有 34 只狼，由于东北虎的捕食，只剩下 10 只狼了。

这天狼王召开"诸葛亮"会议，决定偷袭生病的虎头领，为了有把握取胜，请另一家族的 15 只狼协同作战。电文是：

?	5	9	17	33	65	129	257

没想到，电报被老虎的特务组织截获了。虎头领拿着狼的电文百思不得其解。"？"到底是几呢？

终于，一个破译专家找出了规律：前一个数乘以2的积，再减去1就是后一个数。

$5 \times 2 - 1 = 9$ $9 \times 2 - 1 = 17$

$17 \times 2 - 1 = 33$ $33 \times 2 - 1 = 65$

$65 \times 2 - 1 = 129$ $129 \times 2 - 1 = 257$

这样就可以算出：

$? \times 2 - 1 = 5$

$? = （5 + 1）\div 2$

$? = 3$

破译专家说："这个3表示今天夜里3点钟，狼王趁咱们出去捕猎时，来杀害生病的虎头领。"

虎军师说："为了让狼的野心落空，一要加强对头领住所的保卫；二要把东山上一个班的兵力调过来，埋伏在前山谷，打个歼灭战。"

不过，老虎调动的情况也被狼侦获，狼王派出的侦察员回来报告："前山谷有一个班的敌兵，看样子像是有埋伏。"狼王听了，心想：老虎的情报真厉害，看我怎么收拾你们。

狼王随即命令道："独眼狼连长带两个班，在今夜3点去袭击老虎，在前山谷虚晃一枪后就马上假装败阵而归。"他马上又给西山狼王打电报。内容是：

1	2	3	4	5
2	4	6	8	10
4	8	?	16	20

虎头领听了军师的汇报后说："狼王真狡猾，前山谷一战一打他就败，肯定另有阴谋。你们怎么破的第二封电报？"军师让破译人员说答案。

破译人员说："竖看每个后面的数是前面数的2倍，横着看，第一行逐数加1，第二行逐数加2，第三行逐数加4，所以'?'应是12。"

虎头领下达命令："今天夜里12点前，派兵在狼王三条必经之路伏兵袭击，严格保密。"

夜里12点，狼王果然分三路进攻老虎，没想到都成了老虎的俘虏。这都是老虎破译了狼的密码电报的结果啊。

巧算乘除式题

一只小燕子从小被妈妈喂大，到了自己能捕食的年纪，还是吃现成的。小燕子上学从不独立写作业，不是让父母替他写，就是抄同学的作业，他懒得出了名。

有一次，百灵鸟老师给他们上课，留了八道题，让用简便方法计算。作业题是：

$80 \div 0.5 = ?$ $80 \div 0.25 = ?$

$80 \div 0.125 = ?$ $80 \times 0.5 = ?$

$80 \times 0.25 = ?$ $80 \times 0.125 = ?$

$7000 \div 56 = ?$ $2.5 \times 4 + 25 \times 0.6 = ?$

小燕子一看题不会做，就对小麻雀说："麻雀妹妹，让我抄抄你的作业好吗？"

小麻雀说："学习要靠自己努力，抄作业会影响你学习进步的。"

小燕子又找到小山鸡说："山鸡姐姐，你替我写上这几道题，我帮你做饭，互不吃亏。"

小山鸡答道："老师留的作业，要独立完成，学习的事别人是代替不了的。"

小燕子一连找了五个小朋友，谁也不替他做题，也不让他抄作业。小燕子郁闷极了。

燕子妈妈见小燕子不高兴，问："你有什么事，告诉妈妈。"

小燕子委屈地说："老师留的作业我不会做，谁也不替我写，真不够朋友，你给我讲讲好吗？"

燕子妈妈看了他的作业，说："这几道除法题，可以运用被除数和除数同时扩大或缩小一个相同数（0除外），商不变的道理来做。如 $2 \div 0.5 = (2 \times 2) \div (0.5 \times 2) = 4$。三道乘法题，用被乘数扩大（或缩小）多少倍，乘数缩小（或扩大）相同的倍数，积不变的道理去做。"

小燕子明白了，说："妈妈，我会了。"他写出：

$80 \div 0.5 = (80 \times 2) \div (0.5 \times 2) = 160 \div 1 = 160$

$80 \div 0.25 = (80 \times 4) \div (0.25 \times 4) = 320 \div 1 = 320$

$80 \div 0.125 = (80 \times 8) \div (0.125 \times 8) = 640 \div 1 = 640$

$80 \times 0.5 = (80 \div 2) \times (0.5 \times 2) = 40 \times 1 = 40$

$80 \times 0.25 = (80 \div 4) \times (0.25 \times 4) = 20 \times 1 = 20$

$80 \times 0.125 = (80 \div 8) \times (0.125 \times 8) = 10 \times 1 = 10$

燕子妈妈看后高兴地说："全对了。根据除法或乘法的运算性质，把除数或乘数变成1或10、100……直接写得数，计算简便。"

小燕子笑了："妈妈，你先别讲，我自己想想下面两题。对了，我就这样做。"小燕子边说边做：

$7000 \div 56 = 7000 \div 7 \div 8 = 1000 \div 8 = 125$

把 56 分解为 7×8。

$2.5 \times 4 + 25 \times 0.6$

$= 2.5 \times 4 + 2.5 \times 6$

$= 2.5 \times (4 + 6)$

$= 2.5 \times 10$

$= 25$

方法是：①一个因数扩大多少倍，另一个因数缩小相同倍数，商不变；②利用乘法分配律。

妈妈高兴地说："你做对了，方法简便，以后就这样动脑筋学习，肯定有进步。"

小燕子像吃了蜜一样，心里甜滋滋的。

运动场上的数学

　　春季运动会召开了，椭圆形的跑道围成了同学们驰骋的战场，运动员们都憋足了劲儿要为本校争荣誉。各校的同学都来参观助威，同学们兴致勃勃的像过节一样。

　　800 米预赛就要开始了，运动员正在起跑点上做预备活动。这时育才小学的王老师看着身边的同学说："我想起了一道题，考考你们，看谁最聪明。"同学们都高兴地拍手叫好，催王老师快说。

　　王老师指着 400 米跑道说："甲、乙、丙三名同学同时从起跑线同向起跑，甲 1 分钟跑 2 圈，乙 1 分钟跑 3 圈，丙 1 分钟跑 1 圈，请同学们想一下，再过几分钟他们才能重新并排在起跑线上。"

　　王老师刚说完，二虎就抢着说："王老师，他们三人永远也不能并排在起跑线上。因为丙跑得最慢，1 分钟才跑 400 米；甲 1 分钟跑 800 米；乙最快，1 分钟跑 1200 米，所以他们三人再也跑不到一起了。"二虎说完还故意地晃一下头，做了一个鬼脸。可王老师让他再想一想。

这时王莉莉急不可耐地说："王老师，二虎说的不对，他们能并排在起跑线上，是 6 分钟后。因为这个问题是一个求最小公倍数的问题，1、2、3 这三个数的最小公倍数是 6。就好比我一天去老师家一次，二虎两天去老师家一次，明明三天去老师家一次，我们三人在老师家碰面要几天这个问题一样，所以 6 分钟后甲乙丙三人都又到了同一起跑线上。"

听了王莉莉的发言，王老师笑了笑说："你的答案也不对。请同学们再认真想一想，看谁能想出来。"

这时 800 米赛的发令枪响了，运动员如出弦的箭一样冲出了起跑线，同学们赶紧为运动员加油，场上的气氛紧张激烈。几个男同学急得红了脸，挥舞着拳头为运动员加油。800 米赛一停，急性的魏伟就催王老师："老师，赶快把正确答案告诉我们吧，不然下一组比赛又开始了。""我的头都想疼了，老师快说吧。"胖胖的王非也说道。

王老师笑一笑，慢慢地说："正确答案是 1 分钟后。这时，甲跑完 2 圈，乙跑完 3 圈，丙跑完 1 圈，他们三人都回到了起跑线。"

"啊——！"同学们异口同声道，"真是没想到啊！"可再一想，同学们又都开心地笑了。

在哪个村建学校？
——求和

　　猴村、鹿村、羊村和熊猫村要联合建一所学校。他们怕孩子上学远，都愿意把学校建在自己村里，为这件事争论了一年多也没个结果，他们只好请猩猩先生裁决。

　　猩猩先生了解到这四个村在一条直线上，而且村与村之间距离相等，都是 2 千米。如图：

　　猩猩先生问："你们各村有多少学生？"

　　猴村长回答："我们村有 10 名学生，鹿村有 8 名，羊村有 9 名，熊猫村有 6 名。"

　　猩猩先生沉思了一会儿："我出个主意，你们看行不行？在哪个村建学校有个条件，就是使所有的学生上学走的路程总和最小。"

　　四个村的代表一听，认为这个办法可行，就都举手同意了。

猩猩先生说："好，你们各村计算一下，再进行比较，问题就解决了。"

1. 在猴村建校，所有学生走的路程总和：

   $2 \times 8 + 4 \times 9 + 6 \times 6 = 88$（千米）

2. 在鹿村建校，所有学生走的路程总和：

   $2 \times 10 + 2 \times 9 + 4 \times 6 = 62$（千米）

3. 在羊村建校，所有学生走的路程总和：

   $2 \times 6 + 2 \times 8 + 4 \times 10 = 68$（千米）

4. 在熊猫村建校，所有学生走的路程总和：

   $2 \times 9 + 4 \times 8 + 6 \times 10 = 110$（千米）

根据计算结果，在鹿村建校，能使所有的学生上学走的路程总和最小。四个村的代表都同意在鹿村建学校。

猩猩先生最后说："遇到问题要想办法解决，争吵只会伤和气。"

100分怎么变成了0分?

上午考完数学，小生背着书包连蹦带跳地跑回了家，刚进家门口，就大声喊："妈妈，我们今天考数学了，我准能考100分。"说完，他得意扬扬地抄起一个大苹果吃起来。

下午放学后，小生回到家连招呼也没打就进入了自己的房间。妈妈看到，奇怪地问："小生，中午还兴高采烈的呢，怎

我准能考100分！

么晚上回来就不说话了？"小生没有回答妈妈的问话，只是趴在写字台上，不知在写些什么。妈妈低头一看：卷子上有个0分。心想：中午回家说能考100分，怎么会变成了0分呢？再仔细一看，卷子上有三道题，小生是这样算的：

1.一根钢管长20米，要锯成2米长的小段，一共需要锯几次？

小生的解法是：20 ÷ 2 = 10（次）

答：一共需要锯10次。

2.某农民伯伯在540米长的田地里栽向日葵，株距60厘米，问每行能栽多少棵？

小生的解法是：540米 = 54000厘米

54000 ÷ 60 = 900（棵）

答：每行能栽900棵。

3. 小英住在四楼, 每上一层楼要用 1 分钟的时间, 问小英从一楼到四楼要用几分钟?

小生的解法是: $1 \times 4 = 4$ (分)

答: 小英从一楼到四楼要用 4 分钟。

妈妈看完小生的答卷, 心里有数了: 难怪考了 0 分, 原来他这样马虎。妈妈不放心地问: "小生, 这几道题会做了吗? 用不用妈妈再给你讲一讲?"

"妈妈, 不用了, 谢谢你, 老师早给我讲过了。"小生不好意思地说, "这几道题实际全属于植树类型的题, 什么时候加 1, 什么时候减 1, 我考试时没有认真考虑。妈妈, 我现在的解法对吗?"小生在纸上写下了下面的解法:

1. $20 \div 2 - 1 = 9$ (次)

2. $54000 \div 60 + 1 = 901$ (棵)

3. $1 \times (4 - 1) = 3$ (分)

妈妈看了以后, 称赞: "完全正确。以后要认真听老师讲课, 做数学题时要具体问题具体分析, 考虑全面, 一点儿也马虎不得。"

小生向妈妈表示: "今后, 我一定努力学习、认真思考, 争取把 0 分变成 100 分。"

买果树

——一题多解

　　六年级一班同学为绿化校园共集资 404 元，推选张旺、王山和商哲三名同学到林场买果树。

　　林场的刘技师说："苹果树 10 元 1 棵，桃树 5 元 1 棵，梨树 2 元 1 棵，你们各买多少棵？"

　　张旺说："我们班为绿化学校共集资 404 元，把钱花完，三种果树都要，各买多少棵请您决定好了。"

　　刘技师说："用 404 元钱买三种果树，桃树棵数是苹果树棵数的 $\frac{5}{6}$，梨树棵数是桃树棵数的 $1\frac{3}{5}$ 倍，各买多少棵呢？你们算一算这道题。"

　　张旺是这样算的：

　　以苹果树棵数为单位"1"，那么桃树棵数为 $\frac{5}{6}$，梨树棵数为 $\frac{5}{6} \times 1\frac{3}{5}$。

　　综合算式：

解法：$404 \div (10 \times 1 + 5 \times \dfrac{5}{6} + 2 \times \dfrac{5}{6} \times 1\dfrac{3}{5})$

$= 404 \div 16\dfrac{5}{6}$

$= 24$（棵）……………苹果树棵数。

$24 \times \dfrac{5}{6} = 20$（棵）……桃树棵数。

$20 \times 1\dfrac{3}{5} = 32$（棵）……梨树棵数。

王山说了他的做法：

如果用桃树棵数为标准，设桃树棵数为单位"1"，苹果树棵数为 $1 \div \dfrac{5}{6}$，梨树棵数为 $1 \times 1\dfrac{3}{5}$，三种果树的价钱分别是 10 元 $\times (1 \div \dfrac{5}{6})$，$5$ 元 $\times 1$，2 元 $\times (1 \times 1\dfrac{3}{5})$。$404$ 元除以上面三个数的和，可求出桃树棵数。

综合算式：

解法：$404 \div [(10 \times 1 \div \dfrac{5}{6}) + (5 \times 1) + 2 \times (1 \times 1\dfrac{3}{5})]$

$= 404 \div 20.2$

$= 20$（棵）……………桃树棵数。

$20 \times (1 \div \dfrac{5}{6})$

$= 24$（棵）……………苹果树棵数。

$20 \times (1 \times 1\dfrac{3}{5})$

$= 32$（棵）……………梨树棵数。

商哲也说出他的算法：

如果用梨树棵数为单位"1"，桃树棵数为 $1 \div 1\frac{3}{5}$，苹果树棵数为 $(1 \div 1\frac{3}{5}) \div \frac{5}{6}$。

综合算式：

解法：$404 \div \{2 \times 1 + 5 \times (1 \div 1\frac{3}{5}) + 10 \times [(1 \div 1\frac{3}{5}) \div \frac{5}{6}]\}$

$= 404 \div 12\frac{5}{8}$

$= 32$（棵）…………梨树棵数。

$32 \times (1 \div 1\frac{3}{5})$

$= 20$（棵）…………桃树棵数。

$32 \times (1 \div 1\frac{3}{5} \div \frac{5}{6})$

$= 24$（棵）…………苹果树棵树。

刘技师说："你们的解法都对，思路清楚，我用方程解，确定的单位'1'不同，列式也就不同。"

解法1：设苹果树为 x 棵。

$10x + 5 \times \frac{5}{6}x + 2 \times \frac{5}{6} \times 1\frac{3}{5}x = 404$

$x = 24$

$24 \times \frac{5}{6} = 20$（棵）　　$24 \times \frac{5}{6} \times 1\frac{3}{5} = 32$（棵）

答：略。

解法2：设桃树为 x 棵。

$5x + 10 \times (1 \div \frac{5}{6})x + 2 \times (1 \times 1\frac{3}{5})x = 404$

x = 20

$20 \times (1 \div \frac{5}{6}) = 24$（棵）

$20 \times (1 \times 1\frac{3}{5}) = 32$（棵）

答：略。

解法 3：设梨树为 x 棵。

$2x+5 \times (1 \div 1\frac{3}{5}) x+10 \times (1 \div 1\frac{3}{5}) \div \frac{5}{6} x=404$

x=32

$32 \times (1 \div 1\frac{3}{5}) = 20$（棵）

$20 \times (1 \div \frac{5}{6}) = 24$（棵）

答：略。

张旺说："刘技师讲得太好了，我们不仅买了果树，还学习了一题多解。"

他们三人拉着树苗，高高兴兴地回学校了。

你能算出汽车的速度吗？

星期天，西西和爷爷一起到郊外春游。他们来到一个山脚下，看到一个隧道，西西刚想进去，爷爷拦住了他说："不能进，你看牌子上写的什么？"西西一看，牌上写着："行人不准擅自入内。"

爷爷说："西西，隧道里可不能随便进。去年春天，这里就发生了一件事，差点儿把两个小学生轧死。事情发生的时候，也是一个星期天，两个五年级的小学生，出于好奇跑到隧道里面玩。当他们走入隧道长度的$\frac{1}{4}$时，突然听到汽车准备进洞的喇叭声。由于隧道内非常狭窄，仅能容纳一辆卡车通过。二人在惊慌之下，一人以每百米 12.5 秒的速度向前跑，一人以同样的速度返身向回跑。结果，两个小学生先后都在千钧一发之际跑出隧道口而脱险。

"老师知道这件事情后，除了教育学生注意安全外，还把这件事当作一道数学题让学生们算，即求汽车在隧道内行驶的速度。西西你会做吗？"

　　爷孙俩回到家，西西不顾疲劳，趴在桌子上算起来。过了一会儿，西西喊道："爷爷，我算出来了。"

　　爷爷说："你讲一讲是怎么算的。"

　　西西说："他们听到汽车喇叭声时，已进洞 $\frac{1}{4}$，向回跑的刚跑出洞口，汽车就进洞了。因为他们二人速度相同，所以汽车进洞时，向前跑的正好跑到洞的正中间（$\frac{1}{4}+\frac{1}{4}=\frac{1}{2}$）。当向前跑的刚跑出洞门时，汽车也随即出洞。这就是说，汽车在隧道的速度是小学生跑的速度的 2 倍略慢一点儿，即：$100 \div 12.5 = 8$，$8 \times 2 = 16$，汽车在隧道内的速度略慢于每秒 16 米。"

怎样计算鸡和兔子的腿数

　　早就听说姥姥家养了许多兔子和鸡。我问妈妈到底有多少只。可妈妈说："太多了，我也数不清。"我和弟弟暗下决心，有机会一定到姥姥家去数一数，看看到底有多少只鸡和兔子。

　　中秋节，妈妈让我和弟弟去给姥姥送些节日礼品。听说去姥姥家，我和弟弟高兴极了，匆匆穿戴整齐，拿上礼品，忙不迭地坐上了发往姥姥家的汽车。

　　刚进姥姥家的大门，弟弟就一股脑儿地把礼品堆在我的怀里，朝着有鸡叫的地方跑去。我只好费劲地抱着礼品，小心翼翼地送到姥姥的屋里。

　　进到屋里，姥姥正在和小表弟把一堆堆的菜叶放进一个机器里。姥姥说这叫切碎机，是专给鸡和兔子切食用的。

　　看着旁边切好的一大堆菜叶，我问姥姥："怎么切这么多，到底养了多少只鸡和兔子？"

　　姥姥却不正面回答我的问题，反而说："养的鸡不如兔子多。"

"哇！兔子比鸡还多呀！那到底是多少只呀？"我迫不及待地重新追问。

姥姥说："原来鸡和兔子一样多，后来你舅舅又买了许多回来，现在到底有多少，我也说不清了。"

姥姥每天都喂它们，竟然也数不过来，这一下，更激起了我的兴趣，非要数个清楚不可。我便顺口对姥姥说："姥姥，我去数一数，回来我告诉你。"

我朝着有鸡叫声的地方走去，心想：先数一下鸡的只数。没想到走过去一看，鸡和兔子同关在一个大棚栏里，弟弟早已数得满头大汗。只听他不住地发着牢骚："哎——！别跑了，别跑了，又乱了，还得从头数，老这么跑来跳去的，什么时候才能数清。"

我看着这些活蹦乱跳的小动物们在大棚栏里穿梭往来，乱作一团，心想：确实没法儿数。我对弟弟说："算了，别数啦，它们跑来跑去的，数也数不准，还是等舅舅回来问他吧！"

舅舅回来了，可他也不告诉我们，只是眨眨眼睛说："大棚栏里共有 3200 个头，10000 条腿，你们算算，鸡、兔子各多少只？"

我和弟弟想了很久，也没能算出来，还是舅舅解了围。他说："里面有 3200 个头，说明鸡和兔子的总数是 3200 只。假设它们都是兔子的话，应该有 $4 \times 3200 = 12800$ 条腿，但里面只有 10000 条腿，比都是兔子时少 $12800 - 10000 = 2800$ 条腿，

换句话说，也就是假设的比实际多出 2800 条腿。这多出的 2800 多条腿是怎么回事呢？因为每只鸡只有两条腿，而我们却按 4 条腿算的。每 1 只鸡多算两条腿就等于多算 1 只鸡，而多算的 2800 条腿就等于多算了 2800÷2=1400 只鸡。因为每有 1 只鸡我们就多算了两条腿，所以，多算的这 1400 只鸡就等于实际拥有的鸡数。鸡的数量出来啦，兔子的数量也就好算啦。"

"我知道啦！用总头数减鸡数得出的就是兔子的数量。"没等舅舅说完，弟弟就抢先说了出来。

多算的这 1400 只就等于实际拥有的鸡数！

　　听完舅舅的一席话，我恍然大悟，没想到鸡和兔子还能调整假设。忽然，我有了一个想法，既然鸡和兔子可以调整假设，那么也就可以假设它们全都是鸡。为了证实我的想法，我马上请教了舅舅。舅舅听了我的话，高兴地拍着我的额头说："还是当姐姐的知道动脑筋。"一句话，说得我不好意思地低下了头，可心里却美滋滋的。

　　小朋友们，你们想到了吗？如果全都假设为鸡应该怎么算呢？

高原寻弟记

　　高原的父母在外地工作，高原和6岁的弟弟跟爷爷奶奶住在一起。有一天，弟弟突然不见了，高原和爷爷奶奶到处找，能找的地方都找遍了也没有弟弟的下落，他们只好到派出所报了警。

　　夜深人静，高原一家三口吃不下，睡不着，坐在沙发上等消息。忽然从窗外飞进一团东西，高原赶紧拾起一看，原来是一张纸条，上面写着：你弟弟在我们手里，明天上午9点带4万元人民币来领人，一手交钱，一手交人。地点：骑摩托车从你家向北走A千米，再向西走B千米，然后再向北走C千米。A是B的$\frac{2}{7}$，B是C的$\frac{2}{5}$，A比C少62千米。"

　　原来弟弟被坏人绑架了！爷爷和奶奶吓得几乎昏了过去。高原一边极力镇定自己，一边安慰爷爷、奶奶。

　　正在这时，派出所的小王叔叔也来到他家。他们一起研究这张纸条。高原说："这是一道分数应用题。"他画了一个线段图。

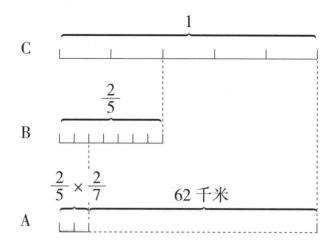

先求 C：$62 ÷ (1 - \dfrac{2}{5} × \dfrac{2}{7}) = 70$（千米）；再求 B：$70 ×$

$\dfrac{2}{5} = 28$（千米）；最后求 A：$28 × \dfrac{2}{7} = 8$（千米）。就是说，

出了家门向北走 8 千米，再向西走 28 千米，然后向北走 70 千米。小王叔叔对高原说："别怕，你按时前去，我们会接应你。"高原坚定地点点头。

第二天，高原按纸条上写的准时来到指定地点。原来那是一个集贸市场，人群熙熙攘攘，却不见弟弟的踪影。高原正在疑惑不定，一个戴墨镜的家伙蹭到他身边。那家伙压低嗓音说："你是高原吗？"

"是。"

那家伙塞给他一张纸条，转身钻进人群。高原打开纸条一看："继续向北走 x 千米，再向东走 y 千米。x 大于 y，但不是 y 的倍数。它们的最大公约数是 12，最小公倍数是 120。"原

来坏蛋怕有人跟踪,在兜圈子。

"真狡猾!"高原心里暗骂。他思索着:两个数的最大公约数包括两个数所有的公有质因数;两个数的最小公倍数除了所有的公有质因数以外,还包括各自的质因数。符合这个条件的有两组数:12 和 120,24 和 60。条上说 x 大于 y,但不是 y 的倍数,那么 x 应该是 60,y 是 24。想到这里,高原蹬上摩托车,向前驶去。

高原来到指定地点,那里是一片乱石岗,空旷无人。高原等了一会儿,从几块大石头后面走出来几个人,弟弟夹在他们中间。

弟弟看见高原,大叫一声:"哥哥!"就要扑过来,却被两个家伙抓着手臂。高原把钱扔给为首的一个坏蛋,只见那家伙把钱数了数,向另外两个坏蛋扬了扬下巴。那两个坏蛋一松手,弟弟连哭带叫向高原扑过来。就在那一刹间,人民警察犹如天兵天将出现在这伙坏蛋的背后,将这伙不法分子一网打尽。

高智真聪明
——运用最小公倍知识

　　高智是全校有名的数学尖子，他既努力又爱动脑筋，全村老小都认为他最聪明。

　　星期日，高智看见院里好多人围着看什么。他跑过去一看，是常来卖鸡蛋的李叔叔，他每天用小车拉着鸡蛋来卖。

　　一个中年汉子问："李师傅，你们鸡场养了多少只鸡？怎么你每天卖这么多鸡蛋？"

　　李师傅想了一下，说："我们鸡场的鸡数，用 2 除余 1，用 3 除余 2，用 4 除余 3，用 5 除余 4……用 10 除余 9，你们算一算应该有多少只鸡吧？"

　　人们都七嘴八舌地算起来，却怎么也算不明白。

　　高智说："你们鸡场应该有 2519 只鸡。"

　　李师傅一伸大拇指说："还是你聪明，你算对了。"

　　高智看到好多人不明白怎样得出的结果。他就给大家讲："我们把鸡的只数看作 x 只，用 x+1 除以 2、3、4、5……10，都能整除。只要求出 2、3、4、5、……10 的最小公倍数，再

减去 1，就是所求的鸡数。那么这个最小公倍数是多少呢？它们的最小公倍数是 2520，2520 − 1 = 2519（只）。"

　　大家听了高智的讲解，才终于明白了。

为什么**减**我的分？

　　考完数学，我和秋生一对答案，嘿！完全一样。我想：秋生是班里的学习尖子，每次考试他都得高分，尤其是考数学，不是 99 分就是 100 分。这次我和秋生的答案一样，100 分是八九不离十了。我高兴得一蹦一跳回到了家中，刚进家门就大声喊："爸爸，妈妈，今天考数学，我 100 分是没问题了。"

　　可没想到卷子发下来了，秋生考了 100 分，我才考了 90 分。怎么回事？我拿着卷子走到秋生的桌前，和秋生的卷子一对，就有一道题我和秋生的不太一样：得数一样，列式不一样。奇怪，用方程法解应用题，为什么秋生的方程对了而我的方程就不对呢？

　　"含有未知数的等式叫方程"这是书上写的。在课堂上老师也多次说 x = 5 也是方程，因为它是含有未知数的等式。而今天我列的这个方程 $x = 60 \times 35 \div (35 - 5)$，既含有未知数，又是等式，为什么要减我的分呢？错在什么地方呢？我得问个明白，不然的话，我怎么向爸爸、妈妈交代？ 100 分我已经说

出去了，我必须找回丢掉的 10 分。

我找到数学老师，把我的想法向老师一一说明，实指望老师能被说服，而后马上把我的卷子改成 100 分。可谁想到，老师没有一点儿改分的意思。等我说完以后，老师微微一笑，说："我们再念念这道题。"

我念着题："修路队准备修一条公路，计划每天修 60 米，35 天修完，结果提前 5 天修完。问实际每天修多少米？"

念完题后，我不服气地又念了一遍我的计算方法和过程：

设实际每天修 x 米。

$x = 60 \times 35 \div (35 - 5)$

$x = 70$

老师听出了我不服气，于是说："怎么，不服气吗？"我没有回答。老师接着说："这道题，老师要求用方程的方法解，你做的这道题，从形式上列出了方程，但实际上用的是算术方法。算术方法的特点是把已知条件和未知条件分开；列方程是把未知数设为 x，并暂时把未知条件变成已知条件，使未知条件和已知条件处于同等地位，用来分析题中的数量关系和列式。你看：

$x = 60 \times 35 \div (35 - 5)$、$60 \times 35 \div (35 - 5)$ 这两个式子是不是都是算术方法？"

接着，老师又列出秋生的计算方法：

设实际每天修 x 米。

$$（35-5）x = 60 \times 35$$

$$x = 70$$

听了老师的讲解，看了秋生的解题方法，我明白了，我只是从形式上列出了方程，实际上用的是算术方法，怪不得减我的分！

丁林巧用假设法

爸爸买了辆货车，每天出去拉货，经常早出晚归，打算一年之内把买车钱赚回来。

这天夜里3点多爸爸才回来。

爸爸生气地说："今天真倒霉，拉了一车瓶子共10000个，给货主摔了不少，不仅没赚运费，还搭了250元钱。"妈妈安慰他说："人没事就好，只当今天没出车。"

妈妈说着把准备好的饭菜给爸爸端去。

我真不明白，谁给人家拉货都有运费，怎么爸爸白给人家拉货不算，还赔钱？我问爸爸："刚才你说的摔了瓶子不给运费钱，还赔钱，你又没都摔坏，哪有这种事？"

"你不知道，"爸爸说，"订的合同是如果把 10000 个瓶子全运到，每 100 个给 15 元运费，损坏 1 个赔 0.2 元，我一分运费也没赚，还赔了货主 250 元，你算算我损坏了多少个瓶子？"

丁林的算法如下：

1. 运 1 个瓶子得运费多少元？

　　15 ÷ 100=0.15（元）

2. 假设没有损坏，这 10000 个瓶子得运费多少元？

　　0.15 元 × 10000=1500（元）

3. 实际损失多少元？

　　1500+250=1750（元）

4. 损坏 1 个瓶子少得运费多少元？

　　0.15+0.2=0.35（元）

5. 损坏了多少个瓶子？

　　1750 ÷ 0.35=5000（个）

综合算式：

　　（15 ÷ 100 × 10000 + 250）÷（0.2 + 15 ÷ 100）

　　= 1750 ÷ 0.35

= 5000（个）

"爸爸，我算出来了，共损坏瓶子 5000 个，以后可别拉瓶子了。"

爸爸说："你算得完全正确。不过如果路好走，再更加小心一点儿，还是可以拉瓶子的。"

看乒乓学数学

　　电视上正放亚洲乒乓球赛，有双打、单打。于洋看到中国队打出个高水平的球时，全场观众热烈鼓掌，心也觉得十分带劲。

　　于洋问："爸爸，一名运动员单打和双打都能参加吗？"

　　爸爸说："可以参加两项比赛。我给你出道题，你用多种方法解答。一个国家选出了32名运动员参加乒乓球比赛，其中18人参加单打，22人参加双单，问单打和双单两项比赛都参加的有多少人？"

　　"这道题我会做，老师刚讲过。"于洋蛮有把握地说。

　　于洋的解答：把参加单打和双打比赛的人数加起来是18＋22=40（人），这比选出的参加乒乓球单打和双打比赛的32名运动员多40－32＝8（人）。为什么多了？因为有部分人既参加了单打比赛又参加了双打比赛。在分项统计时，他们被统计了两次，所以多出来的人数，就是两次比赛都参加了的人数。

　　算式为：18＋22－32＝8（人）

爸爸说："思路正确，列式和得数也对。还有哪种解法呢？"

于洋不好意思地说："我就会这一种。"

爸爸笑笑说："我再给你讲三种解法：

方法一：因为参加乒乓球单打比赛的18人中，有一部分参加了双打比赛，也就是说，参加乒乓球单打比赛的18人中含两项比赛都参加了的运动员人数。所以从18人中减去只参加单打比赛的人数，就得到两次比赛都参加的运动员人数。

①只参加单打比赛的有多少人？

$32 - 22 = 10$（人）

②单打和双打都参加的有多少人？

$18 - 10 = 8$（人）

综合算式：

$18 - (32 - 22) = 8$（人）

还可以列出：

方法二：$32 - [(32 - 18) + (32 - 22)] = 8$（人）

方法三：$22 - (32 - 18) = 8$（人）

这两个方法的算理你自己去想。"

于洋想：爸爸对数学还真有研究呢。

小朋友，以上四种解法你都明白吗？

你说我冤不冤枉

　　我是班里的生活委员，为同学们服务从不计较个人得失，可我却在同学们中留下一个很不好听的外号——皮笊篱。

　　事情是这样的：

　　去年春天，一个风和日丽的星期天，老师要带我们三年级全体同学去春游。我是生活委员，在我的提议下，班里用剩余的班费买了 670 个橘子。我分给全班 50 个同学，小华主动要帮我的忙。

　　小华问："每人分几个呀？"

　　我说："谁知道呀！让我们算一下吧。"

　　小华拿起笔列出一个算式：670 ÷ 50。可怎么算呢？两位数除法老师还没讲呢！我只好去问老师，老师告诉我说："把被除数和除数都缩小 10 倍，变成除数是 1 位数的除法去做。"

　　经过口算，我告诉小华："每人 13 个，还剩 2 个，把这 2 个给老师吧！"我边说边拿了 2 个送给老师。

　　小华大声喊："同学们，自己到筐里拿橘子，每人 13 个，别拿错了。"等同学们都把自己的橘子拿走后。小华低头去拿自己的一份："咦，怎么筐里还剩这么多呀？"小华把自己的一份拿出之后，数了数。"筐里还有 31 个橘子，生活委员若把自己的一份拿走，筐里还剩 18 个，怎么回事呢？哼！几个橘子还想捞一把，皮笊篱！"小华心里不高兴，嘴里气呼呼地小声嘟哝着。

休息了，快言快语的小华鬼鬼祟祟地和几个小调皮说起了风凉话：什么生活委员自私啦，生活委员是皮笊篱不漏汤啦，见小便宜就占啦等等。

回家的路上，同学们议论纷纷，可我还被蒙在鼓里呢。

天黑了，同学们各自回家了。班主任王老师在收拾筐的时候，才发现筐里还有 31 个橘子。

第二天上早自习，王老师问："筐里的橘子是谁的？"没人作声，可部分同学的目光却盯在了我的身上，并带有讽刺的表情。

老师看在眼里，便问我："玲玲，你昨天拿橘子了吗？"

我说："我只吃了老师给我的那一个，没有从筐里拿"

"怎么筐里还剩 31 个？"老师又问。

我不假思索地说："我们买了 670 个橘子，平均分给全班 50 个学生，每人 13 个还剩 2 个，准是还有谁没拿呢！"

老师恍然大悟，拿起粉笔在黑板上列出：670÷50 的竖式，边写边说："在被除数、除数同时缩小多少倍时，其商不变，但余数却同样缩小了多少倍。所以做除法时，若被除数和除数同时缩小了多少倍，得到的余数要扩大同样的倍数才对。"接着，老师用例子讲解：

$$670 = 13 \times 50 + 20 \text{——①}$$

若将等式①两边同除以 10，根据分配规律就得：

$$67 = 13 \times 5 + 2 \text{——②}$$

在①式中，把 670 看作被除数，50 看作除数，它们的商是 13，余数是 20；而②式表明，被除数、除数同时缩小 10 倍后，其商 13 未变，而余数恰恰缩小了 10 倍。所以要将②式的余数扩大 10 倍才是原来的除数。

通过老师的讲解，我明白自己算错了余数，同学们都向我抱以歉意的微笑。小华课后也向我道了歉。

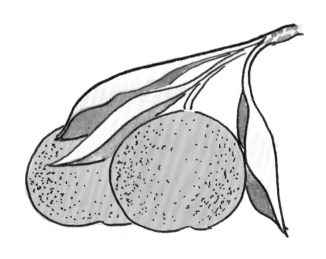

这棵树怎么少的？

　　石磊是六年级三班的班长，平时对班里各项事情都抓得很紧，同学们都说他像小老师。石磊听到同学们的议论，也觉得美滋滋的。

　　可是，有一件事，使石磊至今不忘。

　　去年春天，学校号召各班积极植树，石磊是班长，当然领树苗的任务就得他带头了。

　　石磊带着十几名同学走到后勤办公室，只见墙上挂着很多小卡片。他走到写有六年级三班的小卡片旁边，见上面写着：六年级三班去公路栽树，已知这段公路长 1025 米，每 5 米栽 1 棵树，需要多少棵，就拿多少棵。

　　石磊很快地口算着：1025 ÷ 5 = 205（棵），然后他就从树苗堆里数出 205 棵树苗，带领全班同学去公路栽树去了。

　　劳动紧张地进行着，同学们都非常卖力，个个累得满头大汗，不一会儿，205 棵树苗全部用完了。然而，奇怪的事情发生了：从公路的这一端到另一端每隔 5 米挖了一个坑，挖到头正好挖完，但最后一个树坑却没有树苗了。

真奇怪！

班里有名的长跑冠军刘征听说这事后，来回顺着这段路跑了几趟：一会儿测量株距，一会儿数挖的坑，一会儿数栽的树。最后，他大声地喊了起来："株距5米，挖坑206个，栽了205棵树，差1棵树苗，这是怎么回事呀？"

石磊也感到莫名其妙，他心里再三盘算：公路长1025米，株距5米，需205棵，这有什么错吗？他一时怎么也想不通，只好带领全班同学先回学校了。

回到学校，石磊直奔数学老师的办公室。老师一看石磊风风火火的样子，知道一定有什么解决不了的问题，赶紧问道："石磊，又遇到什么困难啦？"石磊把事情的前因后果说了一遍。老师听后便耐心地讲了起来：

"这个问题，是一个典型的植树问题，如果只是机械地按总长度除以株距来计算植树的株数，有时就少了树苗，有时也会多了树苗。因此不论什么问题，都要具体情况做具体分析。"

一、圆周植树，又叫作封闭线上植树。

如：某圆形鱼塘的周围堤长200米，每10米栽1棵树，一共栽多少棵树？

200÷10＝20（株）

计算方法是：株数＝距离÷株距

二、线段上植树，又叫作非封闭线上植树。这种情况，还

可以分两种情况：

第一种情况：两头植树的。

（前面提到的六年级三班植树就属于两头植树的情况。）

看下面问题：

一段公路长 30 米，每 6 米栽 1 棵树，一共可以栽几棵？

$30 \div 6 + 1 = 6$（棵）结合图解：

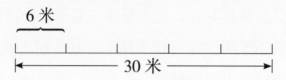

计算方法：株数 = 距离 ÷ 株距 +1

第二种情况：两头不栽树的，如两个建筑物中间的直线上植树。如图：

例题：两座房屋的距离是 40 米，每 8 米栽 1 棵树，需要栽几株？

$40 \div 8 - 1 = 4$（棵）

计算方法：株数 = 距离 ÷ 株距 -1

为什么减 1 你知道吗？

三、方形池上植树，也有两种情况：

第一种情况：不知道边长，只知道每边植树的株数。

如图：

共可植多少棵？

（9＋4）×2－4＝22（棵）

计算方法：株数＝（长边株数＋宽边株数）×2－4

为什么要减4你知道吗？

第二种情况：知道边长和株距（实际上属于封闭线上植树）。如图：

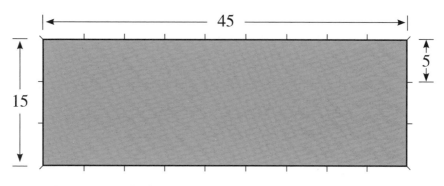

一共可种多少棵树？

（45＋15）×2÷5＝24（棵）

计算方法：株数＝（长边＋宽边）×2÷株距

四、面上植树。

如图：

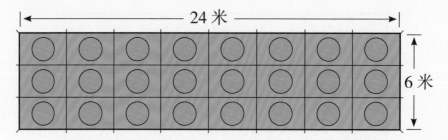

例题：在一块长 24 米，宽 6 米的长方形地里栽树，株距 3 米，行距 2 米，这块地可载多少棵树？

（24×6）÷（2×3）=24（棵）

计算方法：株数 = 总面积 ÷（株距 × 行距）

看来，植树问题是一个既简单又复杂的问题。说它简单，是有的问题，直接谈及植树问题；说它复杂，是有的问题，看上去好像与植树问题无关，但实际上是一个植树问题。

如：一根木头长 10 米，把它锯成 2 米的小段，每锯断一次需要用 2 分钟，锯完它一共用多少时间？

2×（10÷2–1）=8（分钟）

就这道题来说，从表面上看，好像不是植树问题，可实际上它正是典型的植树问题。

通过老师的讲解，石磊学到相关的知识。他赶紧又去领了一棵树苗，完成了植树任务。

应该怎样取近似值？

上数学课时，王老师给同学们出了这样一道题：一个无盖圆柱体铁皮水桶，高 23 厘米，底面周长 62.8 厘米，做这个水桶要用多少平方厘米铁皮？（$\pi = 3.14$，得数保留整数）

这是一道圆柱体表面积方面的应用题。同学们纷纷举手要到前面黑板上演算，王老师让赵文利和宋佳到黑板上演算，其他同学在本上演算。

赵文利列分步式：

（1）水桶侧面积：$62.8 \times 23 = 1444.4$（平方厘米）

（2）水桶底面积：

$3.14 \times (62.8 \div 3.14 \div 2)^2 = 314$（平方厘米）

（3）需要铁皮：

$1444.4 + 314 = 1758.4$（平方厘米）≈ 1758（平方厘米）

宋佳列综合式：

$62.8 \times 23 + 3.14 \times (62.8 \div 3.14 \div 2)^2$

$= 1444.4 + 314 = 1758.4$（平方厘米）≈ 1758（平方厘米）

两个人尽管方法不同，但解题思路和计算结果是一样的。老师问大家："他们做得对吗？"

"对！"全班同学异口同声地答道。

"和他们计算一样的举手。"

"刷"绝大多数同学举起手来。老师又问："有不同意见吗？"

教室里静悄悄的。过了一会儿，坐在后排的张力怯怯地举起手来。老师说："张力，你是怎样计算的？"

"我和他们的计算方法是一样的，只是……近似值取得不一样。"张力声音很小。

"大点儿声，把你的想法说出来。"

受到老师的鼓励，张力胆子大起来："我觉得，我们计算出来的铁皮面积本来就是做这个水桶至少需要的铁皮面积，如果再舍去 0.4 平方厘米，用 1758 平方厘米铁皮是做不成高 23 厘米、底面周长 62.8 厘米的水桶的。"

老师赞许地点点头："那你认为应该得多少？"

"我认为如果要取整平方厘米数，应该是 1759 平方厘米。"

老师微笑着看看大家。从表情上可以看出，同学们对张力的分析心悦诚服。

老师做了总结："张力同学的分析非常正确。一般情况下，我们是用四舍五入法取近似值；但有时根据实际情况，为了保证原材料够用或物体个数取整数时，无论要保留的数位的下一位上是什么数，包括1、2、3、4，都要向前进一，这就是'进一法'。"

　　同学们，现在你知道应该怎样取近似值了吗？

边长扩大2倍，面积扩大几倍？

　　小猴种了一块实验田，与小熊的麦地相邻。这两块地都是正方形，小熊麦地的边长是小猴试验田边长的2倍。

　　有一天，小猴和小熊都在地里干活儿。休息时，两个人发生了争论。他们各自都认为自己那块地的收入高，贡献大。小熊的理由是："我这块麦地面积大，收成当然也多。"

　　小猴不屑地说："面积大也只不过是我这块地的2倍。我这块地种的都是新品种，产量高。超过正常产量的二倍不在话下。"

　　小熊说："不对，我这块地的面积得有你那块地的好几倍。"

　　小猴说："咱们不是量过吗？你那块地的边长是我这块地的2倍，那么面积当然也是2倍啦！"

　　小熊站起来向远处看了看："我这块地比你那块地大那么多，肯定不止2倍。"

　　他们正争执不下，山羊老师走了过来，两个人请山羊老师给评一评。山羊老师说："正方形的面积＝边长 × 边长。设试验田的边长为 a，麦地的边长就是 2a，试验田的面积是 $a \times a = a^2$，麦地的面积是 $2a \times 2a = 4a^2$。就是说麦地的面积是试验田的 4 倍。这就是我们数学课将要讲到的：正方形的边长扩大 2 倍，面积扩大 4 倍。"

小猴输了，站在一旁低头不语。小熊过去安慰说："小猴，你那块试验田面积虽小，可种的都是新品种，对世界的贡献更大呀！"小猴听了不好意思地挠了挠头，拉着小熊的手笑了。

路线一样长吗？

    星期三下午两节课后，东风路小学六年级一班全班同学在操场进行课外活动课，其中有 10 名同学平均分成两个小组，跑接力游戏。路线如图：外面一个大圆，里面三个小圆，小圆的直径分别是大圆直径的 $\frac{1}{6}$、$\frac{1}{3}$、$\frac{1}{2}$。A 点是起跑点，也是接棒点，跑的方向如箭头所示。

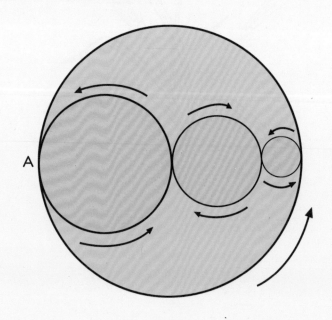

第一次，甲组跑外面大圆，乙组跑里面三个小圆，结果乙组获胜。甲组的队员很不服气，说："你们跑小圆，路线短，我们跑小圆也能当第一。"于是两组交换路线，重新比赛。结果又是乙组拿了第一。

这回甲组的同学不作声了，心想：难道说路线一样长，我们确实跑得慢？甲组张英同学大声说："咱们休息一会儿，算一算跑的路线，到底哪条路线长。"于是两组同学一致同意，就算了起来。

甲组队员王华英是班里的数学"状元"，她第一个算了出来："同学们，我们跑的路线一样长。"

为什么一样长呢？

设大圆直径为 d，则三个小圆的直径分别为 $\frac{1}{6}d$、$\frac{1}{3}d$、$\frac{1}{2}d$。

大圆周长：πd。

三个小圆周长和：$\frac{1}{6}\pi d + \frac{1}{3}\pi d + \frac{1}{2}\pi d = \pi d$。

小悟空巧设数学城
——巧求周长

孙悟空的孙子小悟空保护他的师傅小唐僧去西天取经，途经一座险峻的大山，被黄毛老怪拦住去路。小悟空与那黄毛老怪好一场恶战，直打得飞沙走石，天昏地暗。

小悟空越战越勇，那黄毛老怪渐渐力不从心，眼看小悟空要大获全胜，忽见黄毛老怪按落云头，站在小唐僧身边，摸出一根魔绳，向空中一扔，口念咒语，那魔绳落下来，把小唐僧和黄毛老怪绑在了一起。这一来小悟空可傻了眼：再打恐怕要伤着师傅，可又不能眼睁睁地看着黄毛老怪把师傅掳走。这可怎么办？

危急中，小悟空蓦地想起师傅的话："遇事不但要有勇气，还要有谋，要善于用智慧战胜敌人。"想罢，小悟空从腋下拔下一根毫毛，说声"变"，一座封闭式的城堡出现在半山腰。那黄毛老怪正想带着小唐僧逃走，一下子被罩在城堡里。黄毛老怪慌忙收了魔绳，举起钢戟在里面乱打一气，那城墙却丝毫无损。

116

小悟空在外面高声说道："妖怪，别白费力气了，这是一座数学城，共有三道门，每道门上有一道题，答对了，门就自动打开。如果2分钟内答不出三道题，你就会和这城堡一起毁灭。"

小唐僧战战兢兢地说："悟空，为师怎么办呢？"小悟空说道："师傅，别怕，你一定能答出来。只是你要心算，别说出来让妖怪学了去。"

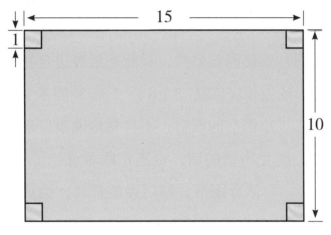

第一道城门上的题

小唐僧和黄毛老怪抬头一看，城门上果然有一道题：有一个长方形长15厘米，宽10厘米，在它的四个角各剪去一个边长1厘米的正方形，求剩下的图形的周长。（见上图，单位：厘米）小唐僧和妖怪同时想道：剪去四个小正方形后，面积小了，周长不变。它的周长是（15＋10）×2＝50厘米。刚想到这里，城门就自动打开了。

小唐僧和黄毛老怪连忙出了第一道城门，来到第二道

城门。

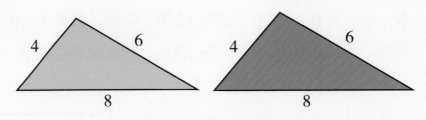

第二道城门上的题

第二道城门上的题是这样的：把两个完全一样的三角形拼成一个平行四边形，这个平行四边形的周长最大是多少？（见上图。单位：厘米）

小唐僧想：要使周长最大，只能把最短边合并，那个拼成的平行四边形的周长应该是 $(8 + 6) \times 2 = 28$（厘米）。由于慌乱，小唐僧一时忘了小悟空的嘱咐，不自觉地说出口来。那黄毛老怪正在着慌，听见唐僧的话，也连忙跟着说："$(8 + 6) \times 2 = 28$（厘米）。"话音刚落，城门轰然打开，他俩又先后出了第二道门。

最后一道城门就在眼前，只见门上又是一道求周长的题目：如图长方形中阴影部分是正方形，求长方形的周长。（单位：厘米）

小唐僧一看就傻了，心想：求长方形的周长要有长和宽，题目中都没有告诉，怎么求？

小唐僧一时解不出来，更加慌乱。这时只听耳边响起小悟空的声音："师傅，这样想，$(7 + 5) \times 2 = 24$（厘米）。"小唐僧顾不得多想，就在心里念道："（7＋5）×2＝24（厘米）。"

刚念完，小唐僧发现自己已到了城门外，和徒弟们在一起了。

这时只听"轰"的一声，小唐僧回头一看，城堡和黄毛老怪都不见了，被小悟空收走了。

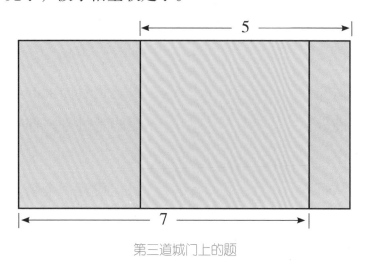

第三道城门上的题

小唐僧定了定神，问小悟空："悟空，最后一个周长为什么用（7＋5）×2呢？"

小悟空哈哈大笑："师傅，你吓糊涂了。7＋5的和不就相当于一个长和一个宽的和吗？"

小唐僧一想，笑道："7＋5真的是比一个长多一个宽。好聪明的悟空，想出这样的好办法战胜了妖怪。"

小悟空倒不好意思起来："嘻！还不是师傅教导得好！"原来小悟空运用了正方形四个边都相等的原理。

明明的发现

　　明明做完作业，趴在桌子上，两眼直瞪着面前的热水瓶出神。妈妈连催他休息，他都不作声。妈妈走过来，伸手摸了一下他的头说："不热呀！你这是怎么啦？"

　　明明从沉思中醒过来，说："妈妈，我有一个新发现，你看，装水、咖啡、油、酒等的容器，都是圆的，这绝不是没有道理的，可我就是想不出是什么道理。妈妈你能告诉我吗？"

　　妈妈用赞许的目光看着儿子，说："生产这些容器的厂家，是不是希望用尽可能少的材料制造特定容积的容器，或者说用同样的材料做成容积最大的容器？"明明点点头。

　　妈妈又说："你已学了几何的初步知识，知道面积相等的几何图形，它们的周长并不相等。举个例子说吧，一个正方形和一个长方形，它们的面积都是 4 平方厘米。正方形的周长是 $2 \times 4 = 8$（厘米），长方形的周长是 $(4 + 1) \times 2 = 10$（厘米）。同样道理，周长相等的几何图形，面积却不相等。如周长是 9.42 厘米，你算出正方形、圆的面积，看一看它们谁的面积大，谁的面积小。"

明明忙拿纸笔计算，很快算出了结果。

正方形面积：$(9.42 \div 4)^2 = 5.546025$（平方厘米）

圆的面积：$(9.42 \div 3.14 \div 2)^2 \times 3.14 = 7.065$（平方厘米）

妈妈指着计算结果说："你看，在周长相等的情况下，圆的面积最大。如果容器的高度一样，用同样的材料，容积最大的就是圆柱形。所以热水瓶等装液体的容器都做成圆柱形。"

"有没有比圆柱形更节省的形状呢？"明明睁大眼睛看着妈妈。

妈妈说："有啊，根据计算得出，在用同样多的材料做的容器中，球形容器的容积要比圆柱形的容积还大，这就是说做成球形的容器比圆柱形的更省材料。但球形易滚放不稳，所以日常生活中一般不用球形的。"

妈妈望着渴求知识的明明，心里感到很欣慰。

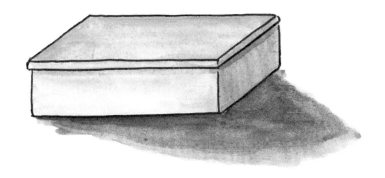

怎样数图形？

数（shǔ）图形可有学问啦，你要是掌握了它的规律可省事呢，你看少智同学是怎样学会的。

少智到图形国去取经，各种图形都热情帮助他，使他收获不小。下面是线段图与少智的探讨。

请你看图：

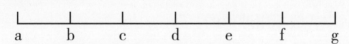

1. 由一条线段构成的线段有 6 条：

ab + bc + cd + de + ef + fg

2. 由两条线段构成的线段有 5 条：

ac + bd + ce + df + eg

3. 由三条线段构成的线段有 4 条：

ad + be + cf + dg

4. 由四条线段构成的线段有 3 条：

ae + bf + cg

5. 由五条线段构成的线段有 2 条：

af + bg

6. 由六条线段构成的线段有 1 条：

ag

这幅线段图共有 6 + 5 + 4 + 3 + 2 + 1 = 21（条）线段。

从图上可以看出，直线上有 7 个点，有 7−1=6 条基本线段，线段总数是从 1 开始 6 个连续自然数的和。

少智问："凡是这类题都是这样数吗？"

"对，这是个规律，请你记住。"线段图说。

少智："这个方法真好，容易记，又省事。"

线段图："你理解了这种方法，数其他图形就不难了，它们与我都有联系。请三角形给你介绍一下经验。"

三角形热情地说："好，现在我给你介绍一下，怎样数在一个三角形中含有多少个三角形。"

如图：

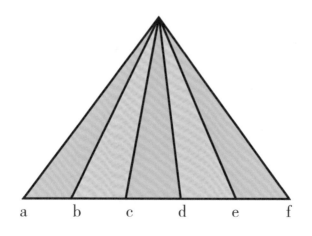

1. 底边有多少条线段?

底边上有 6 个点,基本线段有 6 - 1 = 5(条)

2. 底边线段的总数就是三角形的总数。

3. 列式计算:

1 + 2 + 3 + 4 + 5 = 15(个)

少智: "数三角形的方法也很简单,可是数长方形和正方形我就觉得困难了。我一个一个地数,总是出错。"

长方形: "这好说,我给你讲,你写好笔记。"

下图中有多少个长方形?

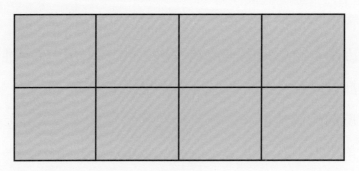

1. 先求出长边上有几条线段:

长边上有 4 条基本线段,共有线段:

1 + 2 + 3 + 4 = 10(条)

2. 宽边上有几条线段:

宽边上有两条基本线段,共有线段:

1 + 2 = 3(条)

3. 共有多少个长方形?

长方形的总数 = 长边线段数 × 宽边线段数

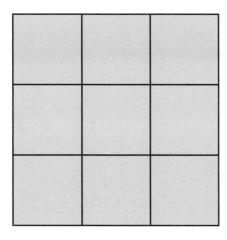

即：$10 \times 3 = 30$（个）

少智高兴地说："这个方法可妙极了！"

少智把笔记写完后，正方形接着讲了数正方形的方法：

左图中的正方形把每边平均分成了3份。

由 1 份为边组成的小正方形有：$3 \times 3 = 9$（个）；

由 2 份为边组成的正方形有：$2 \times 2 = 4$（个）；

由 3 份为边组成的正方形有：$1 \times 1 = 1$（个）；

正方形总数有：$9 + 4 + 1 = 14$（个）；

少智说："我太高兴了，四种数图形的规律我都掌握了。你们图形的经验，我回去一定分享给小伙伴们。"

怎样把三角形三等分？

动物王国的大街中心有一个三角形花池，花池一条边的正中间有一眼机井。这一年春天，狮子国王传下旨意：要在花池里种三种花——芍药、月季、牡丹。三种花的占地面积要相等；机井要在三块地的交界处，为三块地所共有。园艺师斑马请了数学教授长颈鹿来帮助设计。

长颈鹿用一个晚上的时间把这块花池分好。他画了一张设计图（如图）呈给狮子国王。狮子国王请长颈鹿给他讲一讲三块地的面积是否相等。下面是长颈鹿的讲述：

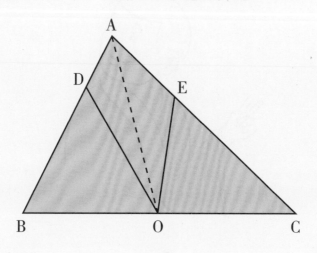

O 点表示机井的位置。先做一条辅助线 AO，因为 O 在 BC 边的中点，所以 $S_{\triangle ABO} = S_{\triangle ACO} = \frac{1}{2} S_{\triangle ABC}$（等底等高的三角形面积相等）。在 AB 边上取一点 D，使 $BD = \frac{2}{3} AB$，连结 DO，$S_{\triangle BDO} = \frac{2}{3} S_{\triangle ABO} = \frac{2}{3} \times \frac{1}{2} S_{\triangle ABC} = \frac{1}{3} S_{\triangle ABC}$。在 AC 边上取一点 E，使 $CE = \frac{2}{3} AC$，连结 EO。同理，$S_{\triangle CEO} = \frac{1}{3} S_{\triangle ABC}$，$S_{四边形 ADOE} = S_{\triangle ABC} - S_{\triangle BDO} - S_{\triangle CEO} = \frac{1}{3} S_{\triangle ABC}$。就是说，△ BDO、△ CEO 和四边形 ADOE 的面积各占化池的 $\frac{1}{3}$，而那眼机井正在三块地的交界处。

狮子国王对长颈鹿的设计非常满意，命令园艺师斑马按这个图纸去布置花池。长颈鹿因这个成功的设计荣获本届动物王国的最高设计奖——金狮奖。

巧算圆木垛?

　　林林的爸爸是木材公司的保管员，公司里到处是堆积如山的木材。林林随爸爸到公司去玩，看着成堆的木材便问爸爸："这么多木材，你们怎么计算数量呢？"

　　爸爸笑了笑说："开动你的小脑袋，看你有什么办法。"并指着前面的一垛又粗又大的红松说："这垛松木最下面是 10 根，最上面是 1 根，共有 10 层，你能算出共有多少根吗？"

　　林林围着木垛转了一圈，看着木垛像一个三角形，他按三角形的面积公式计算，得出如下算式：

　　$10 \times 10 \div 2 = 50$（根）。

　　可他接着又想圆木垛的横截面是个梯形，下底是 10 根上底是 1 根，高是 10 层，便列式为（10+1）× 10 ÷ 2 = 55（根）。

　　两个答案怎么会不一样呢？林林犯了难，只好去请教爸爸。

　　爸爸指着大垛的圆木说："假如你在这垛圆木旁再并排放一垛，只是让它上下倒置，这会怎样，每层多少根？"

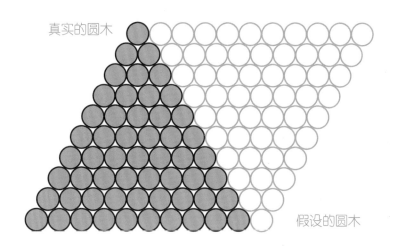

真实的圆木

假设的圆木

"每层 11 根。" 林林脱口而出。

"对！" 爸爸赞许地说，"每层根数恰好是顶层和底层根数的和，再乘以层数除以 2 就是一垛的根数，即 $11 \times 10 \div 2 = 55$（根）。由此看，你算的 55 根是正确的，50 根就是错误的。错误的原因是，不应把圆木垛的横截面看成三角形，虽然它的上底很短，但是并不是 0，只有当梯形上底逐渐缩小为 0 时，梯形才变成三角形。"说完爸爸列出了计算木垛根数的公式：

$$\frac{（底层根数 + 顶层根数）\times 层数}{2} = 总根数$$

末了，爸爸还告诉林林，这个公式还可以用来计算钢管垛、水泥管垛等，在实际生活中它的用处还多着呢！

应该怎样分？

从前有一位老人，他凭着一生的勤劳置下了一块正方形的田地。老人去世前留下遗言，他死后，这块地的 $\frac{1}{4}$ 留给老伴，其余的分给八个儿子。但是有两个条件：（1）八个儿子的地必须形状相同，面积相等；（2）老伴的地必须在中央，为的是和每个儿子的地都相邻，便于照顾。

老人死后，八个儿子为分地犯了愁。有的说："随便分分算了，差不多就行了。"可是大儿子觉得还是应当尊重老人的遗言，就去找教私塾的宋老先生帮忙想想办法。

宋老先生在纸上画了半天，到底把这块地按老人的要求分好了。他先画出了正方形的两条对角线：AC 和 BD，相交于O 点；分别找出 AO、BO、CO、DO 的中点 E、F、G、H；连结 EF、FG、GH、HE。这四条线段分别是 △ AOB、△ BOC、△ COD、△ DOA 的中位线。根据三角形的中位线等于底边的一半，得出小正方形 EFGH 的边长是大正方形 ABCD 的边长的

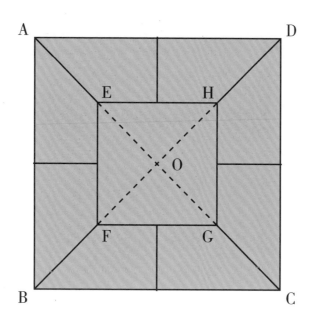

$\dfrac{1}{2}$，进而得出小正方形 EFGH 的面积是大正方形 ABCD 面积的 $\dfrac{1}{4}$（正方形的边长扩大 2 倍，面积则扩大 4 倍）。中间的小正方形正是老人要留给老伴的那 $\dfrac{1}{4}$。再把小正方形外的四个梯形分别平分成两份，就得到了形状相同、面积相等的八份。

弟兄八人按宋老先生的画法，既心平气和地分了田地，又遵从了老人的遗愿。

鸵鸟和孔雀

——计算周长和面积

一天，鸵鸟和孔雀参观科学宫。当他俩走到图形馆时，被各式各样的图形吸引住了，真是大开了眼界。

孔雀指着一个图形说："鸵鸟哥哥，那个图形怎么计算面积？"

鸵鸟抬头一看，那是个由四个直角三角形和两个正方形、一个三角形组成的图形（四个直角三角形相同），两条直角边分别是 8 厘米、6 厘米，三角形 ABC 的高为 5 厘米，求三角形 ABC 的面积（如图）。

鸵鸟说："这个图形很有意思，求三角形的面积，得先求大正方形边长。"

孔雀低着头思考：要求

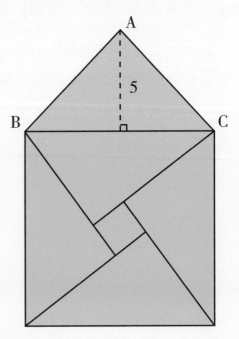

出大正方形边长，得求出面积是多少平方厘米。这个大正方形里面有一个小正方形，四个相同的直角三角形，四个直角三角形的面积是 $8 \times 6 \div 2 \times 4 = 96$（平方厘米）。

鸵鸟见孔雀不会求小正方形面积，便写出小正方形面积：$(8-6) \times (8-6) = 4$（平方厘米）。大正方形面积：$96 + 4 = 100$（平方厘米）。

"我会算了，"孔雀说，"$100 = 10 \times 10$，所以大正方形的边长是 10 厘米，三角形面积是 $10 \times 5 \div 2 = 25$（平方厘米）。"

鸵鸟一拍手说："对啦！"

鸵鸟和孔雀刚算完这个图形的面积，就看到前面有五个小学生正在议论什么，走过去一看，原来他们正在讨论另一个图形怎么求出结果（如下图）。

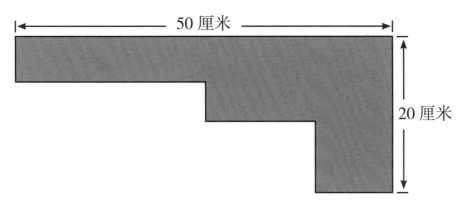

孔雀说："这个图形像把小手枪，右边长 20 厘米，上边长 50 厘米，转弯处都是直角，求周长是多少厘米。"

鸵鸟哈哈笑起来。一个同学奇怪地问："鸵鸟朋友，你会做了？"

鸵鸟说："这道题最简单，它的周长是（20＋50）×2＝140（厘米）。"同学们都愣住了。

"哈哈哈，我知道鸵鸟哥为什么这样做了。"孔雀自豪地说。一个同学恍然大悟，说："嗨！鸵鸟做对了。"

你知道鸵鸟为什么那样算吗?

圆柱和圆锥的体积有什么关系?

　　动物小学的学生们总是把圆柱和圆锥的体积搞错，于是熊猫老师请来圆柱和圆锥给大家演示一番。

　　圆柱和圆锥高高兴兴地来到动物小学六年级教室。

　　它们先做自我介绍："我叫圆柱。""我是圆锥。""今天我们来给大家表演一下。""希望通过我们的表演使大家弄清圆柱和圆锥的体积关系。"同学们以热烈的掌声表示对它们的欢迎。

　　圆锥说："现在我们哥俩的底面积和高都分别相等，请看！"只见圆锥跳到旁边盛沙子的盆里，舀满沙子倒入圆柱，连续倒了 3 次，正好把圆柱盛满。

　　熊猫老师问大家："这个表演说明什么问题呢？"

　　兔妹妹抢着说："说明圆柱体积是圆锥体积的 3 倍。"

　　圆柱说："兔妹妹，你的回答不太准确。你看！"说着，它就地转了一圈，变得比原来小了一些。"现在我的底面积与高都和圆锥不一样了。"圆锥又像刚才那样舀了沙子倒入圆柱，

可是第三杯没倒完，圆柱就满了。这说明现在这个圆柱的体积不是圆锥的 3 倍。

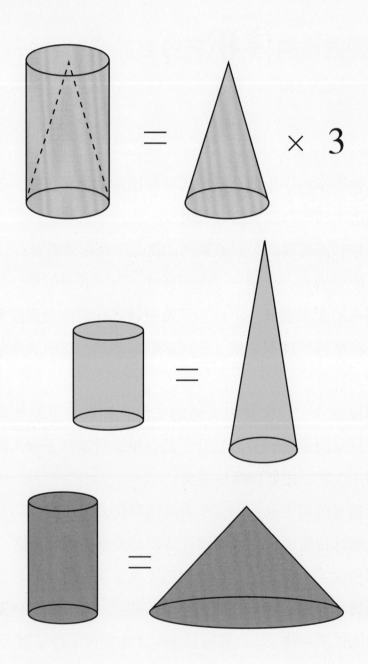

兔姐姐说："我知道了，在等底等高的情况下，圆柱体积是圆锥的 3 倍。"

圆柱恢复了原来的形状，说："对！等底等高这个条件可不能忽视啊！"

熊猫老师用红笔在黑板上写下了"等底等高"四个字，说："所以圆锥的体积公式是 $V=\frac{1}{3}Sh$，也就是等底等高的圆柱体积除以 3 就是圆锥的体积。"

圆锥高声说："我的体积可以变得和圆柱体积相等，你们看。"说着它就旋转起来，边转边长，等它停下来时，已经变成一个高高的圆锥了。它说："现在我的底面积和圆柱的相等，可我的高是他的 3 倍。"这个高高的圆锥舀满了沙子倒入圆柱，正好倒满。

熊猫老师问："你们明白为什么现在这个圆锥的体积和圆柱的体积相等了吗？"

小猴说："因为圆锥的高扩大了 3 倍，体积也扩大 3 倍，所以它的体积就和原来的圆柱体积相等了。"

通过圆柱和圆锥的精彩表演，同学们明白了它们体积的关系：等底等高时，圆柱体积是圆锥的 3 倍；当底面积相等，圆锥的高是圆柱的 3 倍时，或者当高相等，圆锥的底面积是圆柱的 3 倍时，它们的体积相等。

小朋友，你明白了吗？

三角形为什么生气?

三角形在平面图形王国里一向很骄傲,因为它觉得自己对人类的贡献最大。大自然中到处可以看到三角形,就是小朋友的积木里也离不开三角形。当然最令三角形感到自豪的还是它独特的性能——不变形。从家庭生活到国防建设,几乎人人都在使用三角形的这个特性。

可是有一天,三角形家族的最高长官J大臣忽然吹胡子瞪眼地生起气来。平面图形王国的国王问J大臣为什么生气,J大臣气呼呼地说:"我对人类贡献那么大,可是竟有那么一些小学生不重视我,总是把我算错。"

国王和颜悦色地说:"别生气,你慢慢说,他们怎么把你算错了?"

"唉!"J大臣叹口气,"还不是因为那个'2',求我的面积要除以2,他们不除;求我的底和高应该乘以2,他们又不乘。"

国王说:"噢,是这么回事。我想他们不是不重视你,只是马虎了，我们应该想个办法帮助他们。"它俩商量了一下，决定派几个代表去帮一下那几个最爱出错的小学生。

三角形小 a 奉命来到王强家。王强正在写作业，其中有两道关于三角形的应用题。一道是：一个三角形的底是 10 厘米，高是 5 厘米，求它的面积。

王强是这样做的：$10 \times 5 = 50$（平方厘米）。

另一道是：一个三角形的面积是 24 平方厘米。已知它的底是 6 厘米，求它的高。

王强是这样做的：$24 \div 6 = 4$（厘米）。

小 a 一看："嘿！怪不得 J 大臣那么生气，还真有这么马虎的小学生。"它跳起来，用自己的一个尖角狠狠地在王强的手背上扎了一下。

王强疼得"哎呀"一声，低头一看，原来是一个小三角形。他生气地说："喂！你为什么扎我？"

小 a 也生气地说："你把我算错了！"

王强奇怪地问："什么算错了？"

"你那两道几何题都做错了。"

王强看了看自己的作业，干干净净，整整齐齐，有什么错？他不屑地把小 a 往旁边一扔："去去去，你懂什么！"

小 a 见他一点儿也不虚心，就决定用事实来教育他。

小 a 往上一跃，说声"变！"一眨眼，王强眼前出现了一个大三角形。小 a 说："现在我就是一个底 10 厘米，高 5 厘

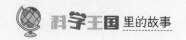

米的三角形。请你把我放在那张方格纸上，用数格子的方法数一数，我的实际面积是多少？"

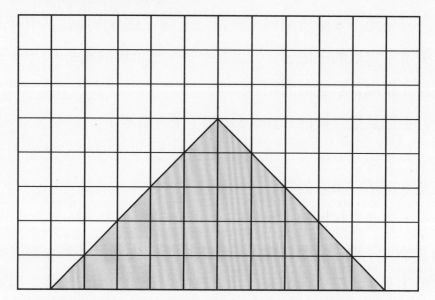

王强扭头一看，桌子一旁真有一张格纸，每小格是1平方厘米。王强想了想，就拿起三角形放在格纸上数起来。不满一格的两个为1平方厘米，整好是25平方厘米。

他看了看自己的计算：50平方厘米。错在哪里？王强看了看自己列的算式，猛地一拍脑袋："嘿！又忘了除以2了。"他连忙把错题擦掉，改作：$10 \times 5 \div 2 = 25$（平方厘米）。

小a又说："第二道题也不对。"

王强看了看题，不好意思地说："老师讲求三角形的底和高时，我没注意听，有点儿不明白。小三角形，请你给我讲讲吧。"

小a见他虚心求教，就说："好吧。"它用自己的尖角在纸上写道："底 × 高 =（　　）。"王强在括号里填上：平行四边形的面积。

小 a 说："填得对，你再来填（　　）÷ 底 = 高。"王强又填上："平行四边形的面积。"

小 a 说："对呀，平行四边形的面积除以底等于高。可是这道题目中 24 平方厘米是三角形的面积。求三角形的高，必须先求出与它等底等高的平行四边形的面积，再用这个平行四边形的面积除以底，就得出高。"

王强也想起来了："对，老师是这样讲的，三角形的高 = 面积 ×2 ÷ 底。"

王强诚恳地对小 a 说："谢谢你，小三角形。"

小 a 说："没关系，只要你学习好了，将来能干大事，我比什么都高兴。"小 a 又看着王强做了几道题，见他都掌握了，这才和他告别，高高兴兴地回去向国王复命了。

怎样测量瓶子的容量？

　　技术员王叔叔急于测量一个瓶子的容量，瓶子下半部是圆柱体形的，上半部越来越细，这样的形体是不能直接计算它的容积的。偏偏试验室的人又下班走了，怎么办呢？王叔叔想了想，就带着瓶子回了家。

　　到了家，他先往瓶子里倒了一些水，水的高度不超过圆柱体部分。王叔叔用一把直尺量了一下瓶底的直径（12厘米）和水面高度（20厘米），然后他把瓶子倒放在桌子上，又量了量

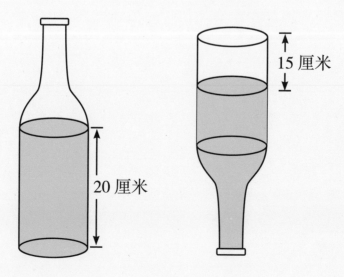

15 厘米

20 厘米

上面空瓶部分的高度（15 厘米）。

根据这些数据，王叔叔做了如下计算：（1）盛水部分的容积：$3.14 \times (\frac{12}{2})^2 \times 20 = 2260.8$（立方厘米）；（2）空瓶部分的容积：$3.14 \times (\frac{12}{2})^2 \times 15 = 1695.6$（立方厘米）；（3）瓶子的容积：$2260.8 + 1695.6 = 3956.4$（立方厘米）。

小朋友，你看明白王叔叔的计算方法了吗？原来王叔叔把瓶子分成两部分：盛水部分和空瓶部分。盛水部分是圆柱体形的，叮以利用圆柱体体积公式求出这部分的容积。空瓶部分不是一个标准的几何形体，于是王叔叔把瓶子倒过来，使空瓶部分移到了圆柱体部分，这样就可以求出空瓶部分的容积了。把两次求得的容积加起来，就是这个瓶子的总容量。

你看王叔叔多聪明！用一把直尺就算出了瓶子的容量。

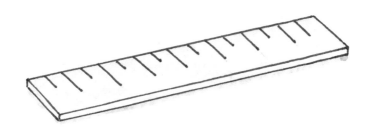

他摘掉了小马虎的帽子

小马虎在写作业时经常粗心大意。

这次遇到"圆、正方形和长方形的周长相等，面积是否相等"这么一道题，他不假思索，提笔写上：它们的面积相等。他一看同桌李玲正在画图算呢，心想：真笨，这样的题还用画图算！

第二天，学习委员发下了作业，小马虎跑着拿过作业一看："呀！那道题错了。"他皱着眉头想：圆、正方形和长方形的周长相等，面积怎么不相等呢？

上课了，丁老师说："我们做题要动脑筋，有的题可用实例做一下，找出正确答案。"小马虎心里一个劲儿地敲小鼓儿，怕老师叫他答自己那道错题。

老师问："谁能讲讲圆、正方形和长方形的周长相等，面积是不是也相等？好，请李玲同学讲一讲。"

李玲："这三个图形周长相等，它们的面积并不相等。圆的面积最大，长方形的面积最小。比如正方形和长方形的周长都是 44 厘米，正方形面积是（44÷4）×（44÷4）= 121（平方厘米）。而长方形长最小是 12 厘米，宽最大是 10 厘米，面积是 12×10 = 120（平方厘米）；圆的周长是 44 厘米，半径是 44÷3.14÷2 ≈ 7（厘米），面积是：7×7×3.14=153.86（平方厘米）。"

小马虎听李玲一讲，立即明白了。他想：今后可不能再马虎了。

以后写数学作业，小马虎很少因马虎做错题了，终于摘掉了"小马虎"这顶帽子。

9 树 10 行 怎么栽?

　　从前，南山脚下有个老财主。他家财万贯，却吝啬得出奇，对长工极苛刻，人送外号"孙扒皮"，附近的穷人都不敢到他家干活儿。

　　这一年刚过完年，"孙扒皮"就派人四处招募长工，说是干一年活儿报酬是 2 担米，10 吊钱。几个外地穷人不知底细，应招前来。

　　每天天不亮，"孙扒皮"就催他们下地，晚上月亮不出不许回家吃饭。几个长工每天累得腰酸腿疼，但想到年底能得到 2 担米、10 吊钱，过年能给妻子儿女买件新衣服，全家人能吃一顿饱饭，就咬着牙坚持下来。

　　好不容易熬到年底，眼看工钱就拿到手了。这一天，管家走过来对他们说："一年过去了，今天派给你们最后一项活儿。这个活儿干好了，工钱加倍，干不好，分文不给！"

　　几个长工忙问："什么活儿？"

　　管家用手一指："把这 9 棵树种到那块空地上。"

长工们松了口气："这活儿好干。"

管家一打手势："别忙，有个要求。9棵树要种10行，每行3棵。"

"啊！"

管家阴笑着看了长工们一眼："当家的说了，限你们三天完工。"说罢，两手一背，扬长而去。

几个长工用9块小石头当9棵树，在地上摆呀，摆呀，怎么也摆不出9树10行。到了第三天傍晚，他们还没有想出办法。想到一年的活儿白干，想到家中老小皮包骨头的样子，几个人不由得抱头痛哭起来。

正在这时，一个少年走到他们跟前，问他们为什么伤心。这个少年是附近一带有名的"神童"，名叫徐进贤。他不仅聪颖过人，而且正直善良，深受人们的喜爱。听了长工们的哭诉，徐进贤决心帮他们解决难题。

他先摆了个"田"字形（图1），可是不行，只有8行。怎样才能再多出2行呢？

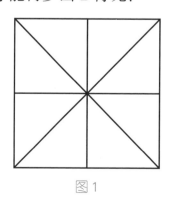

图1

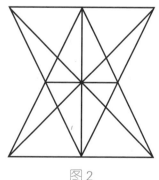

图2

他想了又想，摆了又摆，终于摆成了。他高兴地喊了声："成了！"几个长工忙凑过去看他摆的图案（图2），果然是9树10行，每行3棵。几个长工对徐进贤千恩万谢，连夜把9棵树种好。

第四天一早，老财主"孙扒皮"带着管家得意扬扬地走来，可是眼前的情景却让他们目瞪口呆：那块空地上直直地立着9棵树，每行3棵，一共10行。"孙扒皮"没有办法，只好加倍给了工钱。几个长工每人拿到4担米和20吊钱，高高兴兴地回家过年去了。

笼子的长宽高各是多少?

小龙的爸爸是个养兔专业户。有一天,爸爸买回 18 米长的一根铁条,准备做一个兔笼。爸爸让小龙帮他算一算,把 18 米长的铁条全用上,笼子的长、宽、高各是多少米。他告诉小龙:最好是长 4 份,宽 3 份,高 2 份。

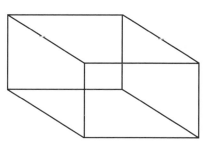

小龙一听就明白了:爸爸的意思是说笼子的长、宽、高的比是 4:3:2。小龙说:"这好算,用按比例分配法就行了。"

小龙很快就计算出来了:4+3+2=9。长:$18 \times \dfrac{4}{9} = 8$(米);宽:$18 \times \dfrac{3}{9} = 6$(米);高:$18 \times \dfrac{2}{9} = 4$(米)。小龙告诉爸爸:"应该是长 8 米,宽 6 米,高 4 米。"

爸爸按照小龙的计算量好尺寸,把铁条锯开。哎呀,只有 3 根,这怎么能焊成长方体的笼子呢?

小龙一看也傻了:"怎么回事?按比例分配没错呀!"小龙

连忙请好朋友王亮来帮忙，王亮的数学在班里可是数一数二的。

王亮看了看小龙的算式说："你把按比例分配法用错了。我问你，按比例分配法的原则是什么？"

小龙回答："把一个数按一定的比例分成几份呀。"

"不对，按比例分配是把几个数的和按几个数的比进行分配。一个长方形的笼子至少需要 12 条棱作框架，这 18 米正是 12 条棱长的和。4∶3∶2 是长、宽、高的比，它们之间不对应，不能直接进行分配。应该先求出长、宽、高 3 条棱的和，再按 4∶3∶2 进行分配。"

小龙按王亮讲的重新计算：$18 \div 4 = 4.5$ 米。长：$4.5 \times \dfrac{4}{9} = 2$（米）；宽：$4.5 \times \dfrac{3}{9} = 1.5$（米）；高：$4.5 \times \dfrac{2}{9} = 1$（米）。就是说，这个兔笼应该是长 2 米，宽 1.5 米，高 1 米。

小龙的爸爸在一边说："可是我已经把铁条锯成 3 段了，怎么办呢？"

王亮想了一会儿，高兴地说："叔叔，有办法，你把它们每根平均分成 4 段，就正好分别是 2 米、1.5 米、1 米了。"小龙的爸爸很快地锯好铁条，焊接成长方形的笼架子。

小龙爸爸高兴地说："王亮真棒，谢谢你用数学知识帮助叔叔解决了难题。"

国旗的面积相等
——几何图形

每年一次的食肉动物运动会快到了，今年在山中之王老虎国举办运动会。

虎王给各国发了通知，定于今年 4 月 6 日在老虎城正式举行第五届运动会开幕式。

开幕式这天，风和日丽。高音喇叭广播："各国运动员入场。"他们步伐整齐，精神抖擞，观众为他们一次次热烈鼓掌。

突然一只小猴子指着国旗说："看，国旗的图案有长方形和三角形两种形状。"

一只黄毛雄猴说："按规定，每个国家的国旗上的特殊标记要占同样大的长方形面积的四分之一，而且各国的国旗上的这些标记互相之间都不能重合。"

"这是为什么？"小猴子问。

黄毛雄猴说："我听猴王讲，这些食肉动物都生活在同一大块土地上，他们互相攻击、拼杀，为了加强团结，才这样规定的。"

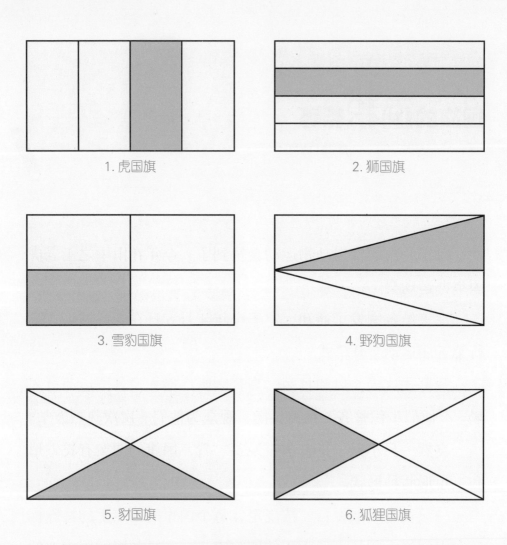

1. 虎国旗

2. 狮国旗

3. 雪豹国旗

4. 野狗国旗

5. 豺国旗

6. 狐狸国旗

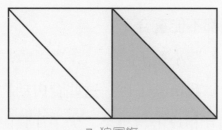

7. 狼国旗

小猴子仔细一看，七个国家的国旗果然各不相同。虽然旗子的形状大小一样，但上面的各自的标记（阴影部分）形状不同，并且均占整个旗帜的四分之一。

　　"这七国的头领好聪明呀！"猴子不由自言自语道，"我就想不到有这么多分法。"

请你猜一猜，这是什么三角形？

　　星期五下午是数学小组活动。经过一个小时紧张地思索、讨论、计算以后，李老师对大家说："现在我们放松一下，大家来做个游戏。请你猜一猜，这是什么三角形？"

　　李老师从抽屉里取出一个夹子，里面夹着一个三角形，夹子外面只露着三角形的一个角——是个钝角。小红同学抢着说："这是一个钝角三角形。"

　　"为什么？"老师问。

　　"因为有一个角是钝角的三角形是钝角三角形。"

　　老师肯定了小红的回答："答得对！你们再看。"老师再从抽屉里取出夹子时，外面露的是一个直角。

　　王明说："这是一个直角三角形，因为有一个角是直角的三角形是直角三角形。"

　　李老师第三次取出夹子时，外面露的是一个锐角。

　　"这是一个什么三角形呢？"

　　大家瞪着眼睛回答不出。李老师又从夹子里抽出三角形的另一个角——还是锐角，问："现在你能猜出是什么三角形吗？"这时有的同学猜是锐角三角形，也有的说是钝角三角形，但是都说不出理由。

小莉同学试探地说："这是一个直角三角形吧，因为那两边相交后像是一个直角。"这时，李老师把三角形拿出来给大家看：第三个角是 95 度——这是一个钝角三角形。

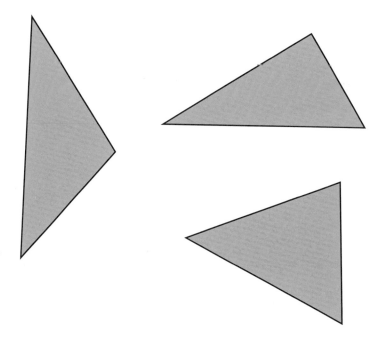

这个游戏说明什么呢？有一个角是直角或钝角，就可以肯定它是一个直角三角形或是一个钝角三角形。如果只知道一个或者两个角是锐角，则不能肯定它是一个什么三角形，还必须看它的第三个角。也就是说：只有三个角都是锐角的三角形，才能肯定它是一个锐角三角形。

金丝猴智斗大灰狼
——能画出几条直线

　　小白兔做完作业，到草坪上去散步。太阳暖暖地照在草坪上，照在小白兔的身上，舒服极了。小白兔不由得躺在草坪上眯着眼，静静地享受着阳光的"抚摩"。

　　忽然，他听到一声吼叫："小白兔，你干的好事！"小白兔一睁眼，吓了一跳——原来是大灰狼正吹胡子瞪眼地盯着他。大灰狼继续吼着："你为什么把沙子扬到我眼里？"

　　小白兔连忙解释："大灰狼先生，我没有玩沙子。"

　　"你还敢顶嘴！在学校里你还打哭了我儿子。"小白兔委屈地说："你儿子那么大，我怎么能打得过他呢？再说，我和他也不在一个学校呀。"

　　大灰狼凶相毕露："不管怎样，都是你不对，今天我要教训教训你！"说着，张开血盆大口向小白兔扑过去。小白兔吓得回头就跑，边跳边喊："救命呀！救命呀！"

　　金丝猴教授正坐在树杈上看书。听到喊声，朝下一看，小白兔快要被大灰狼抓住了！他连忙跳下树，挡住了大灰狼："你

156

又欺负小动物了！"

大灰狼怕金丝猴抓瞎他的眼睛，不得不停下来，嘴里却还在强词夺理："他迷了我的眼，还打哭了我儿子。我不该教训教训他吗？"

小白兔躲在金丝猴身后申辩着："我没有……"

金丝猴早看出大灰狼心怀不轨，可无凭无据，没有办法制止他，就想出一个办法。金丝猴对大灰狼说："你们两个人都拿不出证据，没法儿给你们评理。这样吧，我出一道题，你答对了，随你怎样教训他；他答对了，你就要放过他，还要向他赔礼道歉。怎么样？"大灰狼一向自以为了不起，根本不把小白兔放在眼里，就说："好吧，你出吧。"

金丝猴说："平面上有 6 个点（其中没有任何 3 个点在一条直线上），问，过这些点可以画出多少条直线？"

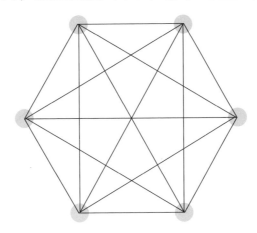

大灰狼撇撇嘴说："这还不好算！每一个点都可以和其他5 个点连成 5 条直线，共有 6 个点，五六三十，可以连成 30 条

直线。"

金丝猴问小白兔："你说呢？"

小白兔小声说："可以连成 15 条直线。因为每个点同其他 5 个点连成的直线中，都有两条是重着的。"金丝猴点点头，肯定了小白兔的答案。

大灰狼不服气，在地上画了好几遍，可是每一遍都是连成 15 条的。大灰狼不得不服输，在金丝猴督促下，勉强对小白兔说了声："对不起！"就夹着尾巴悻悻地走了。

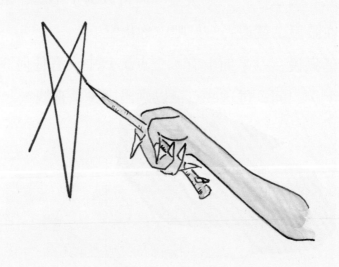

谁的**利用率**高?

　　小白兔和小灰兔一块儿从技校毕业，又一块儿到高科技开发区模具厂当技术工人。有一天，他俩各领到 100 块边长 1 米的正方形铁板。小白兔的任务是加工成直径是 5 厘米的圆形模具，小灰兔的任务是加工成直径是 10 厘米的圆形模具，要求用最合理的下料方法，也就是尽量提高铁板的利用率。

　　小白兔先把铁板加工成边长 5 厘米的正方形，共计 40000 块。小灰兔把铁板加工成边长 10 厘米的正方形，共计 10000 块。这一步他俩材料的利用率都是 100%。第二步是以正方形的边长为直径，加工成圆形。

　　完成任务后，小白兔蛮有把握地说："你的下脚料面积大，太浪费。这回，利用率我肯定是第一。"

　　小灰兔不服气："那也不一定，你的下脚料块数还多呢！"他俩争执不下，就去找猴工程师评理。

　　猴工程师把 4 块边长 5 厘米的正方形拼成一个大正方形，又拿了 1 块边长 10 厘米的正方形放在上面做比较——它们的

面积正好相等。猴工程师问："你俩算一下，1个大圆的面积是多少？ 4个小圆的面积之和是多少？"

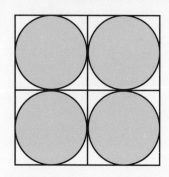 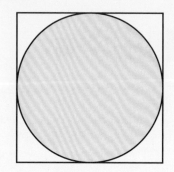

小白兔的算法：$\pi \times (\frac{5}{2})^2 \times 4 = 25\pi$

小灰兔的算法：$\pi \times (\frac{10}{2})^2 = 25\pi$

小白兔惊喜地说："圆的面积相等，下脚料的面积当然也相等。"小灰兔高兴地喊道："哈，咱俩并列第一！"

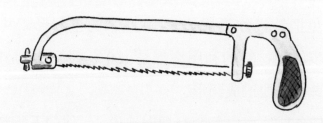

你的答案错了
——拼平行四边形

晚上，小花和小苗一起写数学作业，遇到这样一个问题：两个面积相等的三角形能不能拼成一个平行四边形？

小苗毫不犹豫地写上"能"。

小花一看便笑出了声："你答错了。两个面积相等的三角形不一定能拼成一个平行四边形。"

"为什么？你讲讲道理。"

小花皱了一下眉头，说："我也讲不出道理来，反正你的答案不对。"

小苗争辩说："平行四边形就是两个面积相等的三角形组成的，我的答案没错。"

他俩正在争论，数学课代表高智来了。小花高兴地说："高智来得正好，我们俩对一道题有不同的答案，你看这道题应该怎样答才对？"

"对，快给我们讲讲吧。"小苗也说。

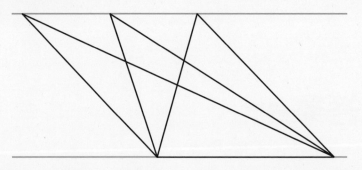

高智看了看题，立刻说："两个面积相等的三角形不一定能组成一个平行四边形。你们比较一下这三个三角形就明白了。这三个三角形底和高相等，面积（三角形的面积 $=\frac{1}{2}$ 底 × 高）也相等，但是其中任意两个三角形都不能拼成一个平行四边形。只有两个三角形具备面积相等、形状相同这两个条件，才能拼成一个平行四边形。"

小苗在图形上比画了半天，终于明白了。他说："我的答案错了，马上改正。"

怎样计算不规则形体的体积？

　　亮亮最佩服他的爸爸——一位颇有名气的地质学家。他十分羡慕爸爸的工作：踏遍祖国千山万水，饱览神州大好风光。他立下志愿：将来要像爸爸那样，做一位地质工作者，为祖国发掘更多的宝藏！他一门心思想跟爸爸学习认矿，对上学却有些心不在焉。

　　这是一个星期天，亮亮飞快地写完作业，就又站在一旁看爸爸做实验。爸爸看了他一眼，随手把一块石头递给他："这是一块花岗岩，你帮我计算一下它的体积。"亮亮接过岩石一看，只见这块岩石黑白相间，挺好看的，大小像桃子，形状似煤块。

　　亮亮说："我们学过计算长方体、正方体、圆柱体、圆锥体的体积，可这块岩石既不是长方体、正方体，又不是圆柱体、圆锥体，怎么计算它的体积呢？"

　　爸爸说："老师没讲过怎样计算不规则形体的体积吗？"

　　"好像讲过，我……我没注意。"

爸爸启发他说："想想乌鸦喝水的故事！"

"乌鸦喝水……乌鸦喝水……"亮亮忽然眼睛一亮，"有了！"他立刻找来一个圆柱形罐头瓶，量了量它的直径，12厘米。他在瓶里倒了些水，记下了水面的位置，然后把矿石轻轻地放进瓶里，使它完全淹没在水中，又记下水面上升后的位置。亮亮量了两次水面相差的距离为2.5厘米，列出了算式：

$3.14 \times \left(\dfrac{12}{2}\right)^2 \times 2.5$。并计算出结果。

亮亮把自己的试验和计算拿给爸爸看："岩石的体积就是水面上升部分的水的体积，是282.6立方厘米。"

爸爸赞许地点点头，语重心长地对亮亮说："地质工作并不像你想象的那样轻松浪漫。它是一门综合科学，计算体积只是其中最普通的一项工作。你不努力学习，没有坚实的基础，将来怎么能做一个优秀的地质工作者呢？"

一席话说得亮亮低下了头。从此以后，亮亮一边继续跟爸爸学习矿石知识，一边努力学习各门功课，他的成绩很快在班里名列前茅。

车轱辘为什么是圆的?

小猴聪聪和小熊胖胖是一对好朋友。有一天，他俩在路上骑自行车，忽然，聪聪捅了胖胖一下："哎！你说车轱辘为什么都是圆的？"

"废话，车轱辘要是方的，那还能转吗？"

"可是，为什么不能是椭圆的或其他形状的呢？"

"这……"

回家的路上，聪聪还在自言自语："车轱辘为什么都是圆的呢？"

胖胖看他一副要探其究竟的样子，就说："如果你非要弄清楚这个问题不可，我们就去请教山羊博士好吗？"

"对，去找山羊博士！"俩人车把一拐，飞快地向山羊博士家驶去。

山羊博士正穿着白褂在做实验，弄清他们的来意后，就笑呵呵地从屋里拉出一辆奇怪的车子。只见这辆车的轱辘虽不是方的，却也不是正圆，而且车轴不在轱辘的中间。聪聪和胖胖

不解地看着山羊博士。

山羊博士笑着对他们说："敢上去试试吗？"

"这有什么不敢的？"说着俩人一起跳到车厢里。山羊博士一按电钮，这辆奇怪的车子就在院里转起圈来。俩人只觉得忽上忽下，颠簸不定。不一会儿，他们就感到头昏脑涨，五脏六腑也翻江倒海一样难受。

山羊博士再按电钮，车停下来，俩人连忙爬出车厢。

胖胖问："博士爷爷，这是什么车呀？难受死了。"

山羊博士没有直接回答胖胖，而是用圆规在地上画了个圆，让聪聪和胖胖用尺子量一下圆圈上各点到圆心的距离。俩人齐声说："这些距离都相等。"

山羊博士说："这个相等的距离叫半径，同一个圆的半径都相等。根据圆的这个性质，把车轱辘做成圆形，车轴安装在圆心上，车轮在地面上滚动时，车轴和地面的距离始终保持不

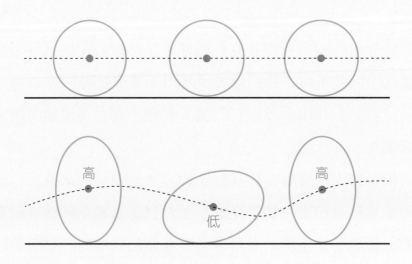

变，你坐在车上才会稳稳当当，舒舒服服。"

聪聪恍然大悟："啊，我明白了，那辆奇怪的车子滚动时，由于车轴与地面的距离不相等，坐在上面就会忽上忽下，颠簸难受。"

"好聪明的孩子，现在你明白了车轱辘为什么都做成圆的了吧！"

"明白了，谢谢博士爷爷！"

小朋友，你明白了吗？

你知道这是什么道理吗？

李小明和张小强家住一个院。有一天李小明去张小强家玩。玩着玩着，李小明说："小强，我昨天做了一个梦，梦见了诸葛小亮，他的本领比他爷爷诸葛亮还高。我们成了好朋友，他还教了我一手，你信不信。"

张小强说："你又吹牛了，谁不知道你是个李大吹。"

李小明认真地说："你不信，咱们试一试。"

张小强说："试就试。"于是二人击掌开始。

李小明说："用你自己的岁数，乘以 2，再加上 6，得数再除以 2，再加上 4，然后把得数减去 7，所得的数就是你的岁数。对不对？"

小强按照他说的算了一遍，果然如此。他兴奋地说："真是这样，小明，你真棒，你怎么知道得数就是我的岁数呢？"

小明说："这是秘密，不能告诉你。"

小强说："求求你，告诉我，我让你看我的新书，全是小汽车，昨天我爸刚给我买的。"

小明说："好，我告诉你。这个道理很简单，在计算时增加和减少相同的数，那么计算后得到的数，既没有增多，又没有减少，还是原来的数。例如，刚才用你的岁数乘以2，再加上6，再除以2，等于你的岁数加上了3，再加上4，然后再减去7，等于一点儿没有增多，所以还是你的岁数。"

小强仔细想了想，还真是这样。

（你的岁数×2 + 6）÷ 2 + 4 - 7，结果还是你的岁数。

聪明的邻居

　　这是一个阿拉伯的民间故事。传说古时候有一个农民，他有三个儿子，临终时，他嘱咐儿子们把他的 17 只羊按照他的安排分掉：大儿子分 17 只羊的 $\frac{1}{2}$，二儿子分 $\frac{1}{3}$，小儿子分 $\frac{1}{9}$，但不许把羊杀死或卖掉。三个儿子没法儿分就去请教邻居。

　　聪明的邻居听了，就带着 1 只羊来了。他把羊送给了他们，这样三兄弟就有了 18 只羊，老大分得了 9 只，老二分得了 6 只，小儿子分得了 2 只，三个人共分去 17 只，剩下 1 只邻居仍旧带走了。

　　这是一个构思巧妙的故事，在世界上广为流传。其实在数学上它并不合理！因为农民要儿子分的是 17 只羊，结果三个儿子分别得到的是 18 只羊的 $\frac{1}{2}$、$\frac{1}{3}$、$\frac{1}{9}$。可是这里的一借一还又是解决这类问题的一个妙法，你能否用同样方法解决下面的问题？

　　某啤酒厂为收回酒瓶，规定 3 个空瓶可以换 1 瓶酒。一个人买了 10 瓶酒，喝空了就去换，喝完又去换，问他最多可喝到多少瓶酒？

这类问题也像上面分羊一样，借一下就好解决了。10 个空瓶能换回 3 瓶酒还剩 1 个空瓶，拿 3 个空瓶又换回 1 瓶，这样手里还剩 2 个空瓶，从朋友处借 1 个空瓶，又换回 1 瓶酒，喝完酒还朋友空瓶，买 10 瓶酒最多可喝到 15 瓶酒。这样做还可以找到数学上的根据呢，因为 3 个空瓶就等于 1 瓶酒，1 瓶酒又等于 1 "瓶酒" 再加 1 个空瓶。这样就会出现如下推导：

∵ 3 个空瓶 =1 瓶酒

1 瓶酒 =1 个空瓶 +1 "瓶酒液"

∴ 3 个空瓶 =1 个空瓶 +1 "瓶酒液"

2 个空瓶 =1 "瓶酒液"

所以 10 个空瓶正好应换回 5 "瓶酒液"，这样借瓶换酒再还瓶便解决了这个问题。

牛吃草的问题

暑假到了，二虎带着妹妹，回到乡下的奶奶家。

第二天早晨，二虎随爷爷去放牛，老黄牛缎子似的皮毛，映着初升的太阳，闪闪发光。二虎小心地抚摩着老黄牛光滑的肚皮，看它低头吃着鲜嫩的带露珠的小草，心里感到非常愉快。

这时爷爷走过来，对二虎说："虎子，我有一道牛吃草的题，你会做吗？做好有奖。"

二虎自信地说："爷爷，那就准备好奖吧，我在学校里就经常获数学奖。"他想爷爷还会有什么难题呢。

爷爷温和地看了一眼贪吃的老黄牛，回过头对二虎说："一片青草地，5头牛吃10天，3头牛吃20天，如果每周生长速度相同，这块草地可供4头牛吃几天？"

二虎瞪着一双聪明的大眼，望着贪吃的老黄牛想：

要想求4头牛吃几天，就需要知道这块地原有多少草，每天长出多少草。

比较5头牛吃10天，吃去的总量是 $5 \times 10 = 50$，也就是吃

去的草量相当 50 头牛 1 天吃的草量。3 头牛吃 20 天吃去的总量是 $3 \times 20 = 60$，也就是 60 头牛 1 天吃去的草量。

同一块草地，原有草量相同，而总草量不同，当然是吃草的时间不同，新草长出的量不同，时间长，长出的多。两者的差就是 $60 - 50 = 10$，也就是 $20 - 10 = 10$ 天内长出的青草，那么每天长出的青草就可求了。$10 \div 10 = 1$，每天长出 1 只牛食用的草量。

有了每天长出的草量就可求出这块地上原有的草量：

$5 \times 10 - 1 \times 10 = 40$ 或 $3 \times 20 - 1 \times 20 = 40$。

再用 4 头牛每天吃的草量减去每天长的草量，就是 4 头牛每天实际吃掉的草量。原有草量除以每天实际吃掉的草量就是 4 头牛吃的天数，列式：

每天长出的草量：$(3 \times 20 - 5 \times 10) \div (20 - 10) = 1$

原有草量：$5 \times 10 - 1 \times 10 = 40$

供 4 头牛吃几天：$40 \div (4 - 1) = 13\frac{1}{3}$（天）

二虎清晰的思路，敏捷的计算，使爷爷大吃一惊。二虎自豪地说："爷爷，不是吹牛皮吧，快把奖品给我。"只见爷爷笑哈哈地从怀中摸出了一个小布袋，打开一看，原来是一套精制的七巧板。这正是二虎想得到的工具。

窍门找到了吗？

今天，老师给同学们留了"找窍门"的作业。毛毛平时最不爱动脑筋，现在让他找窍门，他哪有这份心思？

毛毛找到奶奶："奶奶，您帮我找一个窍门。"

"什么窍门呀？"奶奶问。

毛毛回答："解答文字叙述题的窍门。"

"什么蚊子苍蝇的，都用'杀虫灵'就行了。"奶奶耳背听不清，哪能回答这个问题呢？

毛毛只好去问爸爸："爸爸，您帮我找一个窍门好吗？"

爸爸没有正面回答毛毛，反问毛毛："昨天的作业都做对了吗？"

毛毛回答："都做对了，老师表扬了我，还给我打了100分。"他边说边从书包里掏出了作业给爸爸看。爸爸听说毛毛得到老师的表扬，还得了100分，忙放下手里的书，拿着毛毛的作业看，确实是100分。

"你刚才说什么来着？"爸爸根本没注意毛毛的问话，只是习惯性地昨天问前天的作业，今天问昨天的作业。

毛毛说："解答文字叙述题的窍门。"

往日，爸爸给他讲题都很严肃。今天可不同了，他和气地说："你今天受到老师的表扬，还得 100 分，我很高兴。现在你注意听我讲，明天争取能有更好的表现。"听爸爸的一席话，毛毛心想：我必须认真听讲。把上课没有学会的知识让爸爸补上。学会知识，准能受到老师的表扬，说不定还能考 100 分呢？毛毛认真地听着。

爸爸给毛毛讲了两个解文字叙述题的方法。

第一，看尾法。

看尾法就是看文字叙述题的最后一句话，看这道题的主体结构是什么。如果这道题是求"和"是多少，那么主体结构是做加法；如果这道题的最后一句话是求"差"是多少，那么主题结构是做减法；如果这道题的最后一句话是求"积"是多少，那么主体结构是做乘法；如果是求"商"是多少，当然就是做除法了。

例如：3380 除以 56 加上 9 的和，商是多少？

题目中最后一句话问"商"是多少，这道题的主体结构是做除法。用 3380 ÷ （   ）表示商的运算，基本式列出了。再进行第二步的分析，除以谁呢？题中说除以 56 加上 9 的和。好了，把 56 + 9 填入括号中，列式为 3380 ÷（ 56 + 9 ），最后进行正确的计算就可以了。

第二：缩句法。

缩句法就是把原题进行压缩，先列出文字基本算式，题目的主体结构也就一目了然了。

例如：3600减去1200的差除以36与4的和得多少？

这道题，题尾的叙述比较含蓄，不能一下确定这道题的主体结构。因此，可以用缩句的方法，这道题缩句后写成文字式是"差÷和"，题目的主体结构一目了然。再解决"差"与"和"的问题。谁与谁的差呢？是3600－1200的差，谁与谁的和呢？是36＋4的和。既然是先求"差"与"和"，算式里必须用括号，最后列式为（3600－1200）÷（36＋4）。

毛毛听完爸爸的讲解，找到了解答文字叙述题的窍门。毛毛利用这一窍门，快速地做完了其他的文字叙述题。

小朋友们，你们说毛毛掌握这个窍门了吗？明天他能受到老师的表扬吗？